生物质材料丛书

基于动态塑化的木质纤维塑性加工原理

欧荣贤　王清文　著

科学出版社
北京

内 容 简 介

本书为"生物质材料丛书"之一,全书共分6章,分别从木质纤维塑性加工研究动态,离子液体塑化杨木纤维的动态黏弹性,离子液体塑化杨木的热塑性变形,提取细胞壁组分对木粉/HDPE复合材料流变性能的影响,离子液体处理木粉对HDPE复合材料流变性能的影响,细胞壁化学改性对HDPE复合材料流变性能的影响等方面,全面系统地分析讨论了木质纤维的动态塑化机理,提出了以木质纤维的动态塑化为基础、以木塑复合为基本途径的木质纤维塑性加工的基本理论。

本书适合从事木质纤维材料、木塑复合材料相关领域的科技人员、教师和研究生阅读。

图书在版编目(CIP)数据

基于动态塑化的木质纤维塑性加工原理/欧荣贤,王清文著. —北京:科学出版社,2016

(生物质材料丛书)

ISBN 978-7-03-049064-3

Ⅰ. ①基… Ⅱ. ①欧… ②王… Ⅲ. ①木纤维–塑化–加工 Ⅳ. ①TS102.2

中国版本图书馆CIP数据核字(2016)第141898号

责任编辑:周巧龙 李丽娇/责任校对:杜子昂
责任印制:徐晓晨 /封面设计:耕者设计工作室

科学出版社 出版
北京东黄城根北街16号
邮政编码:100717
http://www.sciencep.com

北京东华虎彩印刷有限公司 印刷
科学出版社发行 各地新华书店经销
*

2016年6月第 一 版 开本:720×1000 B5
2017年1月第二次印刷 印张:9 3/4
字数:184 000
定价:58.00元
(如有印装质量问题,我社负责调换)

"生物质材料丛书"编写委员会

主　编　王清文

编　委（以姓氏汉语拼音为序）

邸明伟　高振华　王清文

王伟宏　谢延军　于海鹏

"生物质材料丛书"序

生物质（biomass）是由植物、动物和微生物的生命活动所产生的天然有机物质，其总量之大可能超出人们的想象——据生物学家估算，目前全球每年产生约1500亿吨生物质，地球表面曾经存在过的生物体的总量大约是地球质量的数十倍！植物以二氧化碳和水为原料通过光合作用所产生的生物质，一般由纤维素、半纤维素和木质素三种主要高分子以及淀粉、果胶、蛋白质、抽提物等其他多种成分构成，通常以各种形态的木材、竹材、藤材、秸秆、果壳等形式存在。生物质的巨大储量和自然再生、零碳排放属性，决定了生物质资源是社会可持续发展和生态文明建设的重要物质基础。

生物质资源利用的主要途径，一是通过热化学和生物技术等手段制备生物质能源和化学品，包括固体、液体和气体状态的各种燃料与平台化合物，是可永续利用的再生能源和基本化工原料；二是通过物理化学改性、生物技术转化以及异质复合等方法制备生物质材料（biomass materials），作为典型的生态环境材料广泛服务于人们的住与行，尤其在园林景观、绿色家居、集成建筑、物流交通等应用领域前景广阔。

生物质材料拓展了传统木材加工产业的原料来源和产品应用领域，木材竹材加工剩余物、低质木材、废旧木材、森林抚育采伐剩余物、农作物秸秆、果壳乃至城市固体有机垃圾等各种生物质纤维都是生物质材料的优质原料，以改性功能化人工林速生材、生物质-聚合物复合材料（俗称木塑复合材料）、生物质-无机质复合材料为代表的生物质新材料，作为天然林优质珍贵木材的替代品和木质人造板、防腐木、家具与装饰材料、轻质保温建材以及交通工具用材等大宗材料的升级换代产品，为传统产业升级和战略性新兴产业的形成开辟了新的途径，从而推动生物质资源的高效率、高附加值利用。

十余年来，在国家自然科学基金、"863"计划、国家科技支撑计划和国际科技合作专项等科研项目的资助下，生物质材料科学与技术教育部重点实验室（东北林业大学）组织专家学者和研究生，与企业密切配合，针对生物质材料的结构设计、成型加工、性能评价和典型应用，进行了较为系统的基础理论研究、共性关键技术创新和重点产品开发，提出将现有两个孤立的生物质产业链（生物质能源、生物质材料）串联，即以废旧生物质材料作为生物质能源的原料，建立"生物质-生物质材料-生物质能源"产业链，通过生物质产业链条的叠加实现生物质资源利用效益的最大化，同时解决两个产业相互争夺原料的问题。

"生物质材料丛书"以团队的系列研究成果为主线，同时吸收相关研究的国内外优秀成果，力求通过对大量翔实数据、研究论文、专利文献、工程化研究和产业化经验的深入分析，经系统总结和理论概括形成规律性认识，编辑成书以飨读者。内容涉及生物质材料的改性功能化、塑性加工、界面科学与流变学、阻燃理论与技术，木塑复合材料及其表面处理与胶接，基于蛋白质、木质素、纤维素的生物基新材料，生物质材料应用工程，以及废旧生物质材料的能源化学品转化等，可供从事生物质材料研究、教学、生产和应用的人士及相关专业学生阅读参考。

感谢科学出版社对本丛书出版工作的大力支持，作者们尤其要感谢周巧龙高级编辑的鼓励、帮助和在整个出版过程中付出的艰辛！

谬误和不足之处，敬请读者批评指正！

王清文

2016 年 3 月于广州

前　言

　　木质纤维材料主要由纤维素、半纤维素和木质素三种天然高分子化合物组成。纤维素线性大分子结构的高度规整性和大量羟基的存在，使得纤维素物质形成大量分子内和分子间氢键，具有较高的结晶度，构成木质纤维的基本骨架；起到黏结和增强作用的无定形结构半纤维素和三维网状结构的木质素，与纤维素一道形成了木质纤维特有的微观结构。这种特有的化学组成和结构，使得木质纤维材料具有较高强重比，在通常的条件下既不能溶解于普通溶剂也不能在高温下熔化，具有一定的刚性，而木质纤维特有的中空细胞结构则赋予其较好的韧性。因此，木材加工行业一直以锯解、刨切、砂光等切削加工为主要生产方式，不得不以损失部分原材料为代价，尤其对于小径木、间伐材、采伐剩余物和最终尺寸较小的工件，加工所造成的资源浪费极其严重，各种废弃物占到原木材积的50%以上。与金属、塑料等塑性材料的塑性成型加工其原料利用率接近100%相比，木材传统加工方法的一次有效利用率实在太低。创新木质纤维材料的加工利用方式，探索大幅度提高木材资源利用效率的新途径，对于木材加工产业升级无疑具有战略意义，也是木材科学与技术和生物质材料学科未来发展的重要方向和学术制高点。鉴于此，作者于2007年提出了木质纤维材料塑性加工的设想：在基本保持木质纤维材料优良性能的前提下，以相对较低的成本和较高的加工效率，通过综合运用机械、物理、化学、生物等方法，赋予木质纤维材料以更高的塑性，使其在塑性较突出的条件下，以类似于塑料加工的方式进行成型加工，制备高性能产品，获得近乎100%的原料利用率，实现木质纤维资源的高效利用；在此基础上，于2009年进一步提出木质纤维材料"动态塑化"的概念，并结合木塑复合材料挤出成型加工技术开展了木质纤维材料塑性加工的探索性研究。2010年以来，有关研究相继得到国家自然科学基金重大国际合作研究项目、国家科技支撑计划课题和林业公益性行业科研专项资金重大项目等科研项目的资助。

　　以上述研究的系列成果为主线，吸收国际相关研究的优秀成果，经过系统分析、梳理归纳和总结凝练形成此书，希望对读者朋友们有所启发。

　　限于作者水平，书中谬误之处在所难免，恳请读者批评指正。

著　者
2016年3月于广州

目 录

"生物质材料丛书"序
前言
第1章 木质纤维塑性加工研究动态 ·················· 1
  1.1 引言 ·················· 1
  1.2 木质纤维材料 ·················· 1
    1.2.1 木质纤维材料的化学组成 ·················· 1
    1.2.2 木质纤维材料的细胞壁结构 ·················· 5
    1.2.3 细胞壁组分的相互作用和组装模式 ·················· 8
  1.3 改善木质纤维材料热塑性的方法概述 ·················· 12
    1.3.1 木质纤维材料的热塑化改性 ·················· 12
    1.3.2 木质纤维材料的溶解 ·················· 14
  1.4 与塑性加工相关的木质纤维材料的材料学特性 ·················· 15
    1.4.1 热性质 ·················· 15
    1.4.2 动态黏弹性 ·················· 16
    1.4.3 应力松弛 ·················· 19
    1.4.4 蠕变 ·················· 20
    1.4.5 木质纤维材料的可及性 ·················· 20
    1.4.6 木质纤维材料的热可塑性 ·················· 21
  1.5 WPC概述及其发展瓶颈 ·················· 22
  1.6 WPC的流变学研究进展 ·················· 23
    1.6.1 WPC的结构流变学 ·················· 23
    1.6.2 WPC的加工流变学 ·················· 25
  1.7 木质纤维动态塑化与塑性加工理念 ·················· 31
    1.7.1 木质纤维动态塑化与塑性加工理念的提出 ·················· 31
    1.7.2 主要研究内容 ·················· 31
    1.7.3 创新点 ·················· 32
  参考文献 ·················· 33
第2章 离子液体塑化杨木纤维的动态黏弹性 ·················· 45
  2.1 引言 ·················· 45
  2.2 实验部分 ·················· 46

  2.2.1 主要原料 ·· 46
  2.2.2 主要仪器及设备 ··· 46
  2.2.3 木片和木粉的制备 ··· 47
  2.2.4 木材纤维的制备 ··· 47
  2.2.5 离子液体处理木材纤维 ··· 48
  2.2.6 表征方法 ·· 48
 2.3 离子液体对杨木纤维动态黏弹性的影响 ··· 50
  2.3.1 XRD 分析 ·· 50
  2.3.2 DSC 分析 ··· 51
  2.3.3 DMA 分析 ··· 52
 2.4 本章小结 ·· 60
 参考文献 ·· 60

第 3 章 离子液体塑化杨木的热塑性变形 ··· 65
 3.1 引言 ·· 65
 3.2 实验部分 ·· 66
  3.2.1 主要原料 ·· 66
  3.2.2 主要仪器及设备 ··· 67
  3.2.3 木材样品的制备 ··· 67
  3.2.4 木材样品的处理 ··· 67
  3.2.5 表征方法 ·· 68
 3.3 离子液体处理杨木纤维塑性变形的影响 ··· 69
  3.3.1 升温压缩测试 ·· 69
  3.3.2 DSC 分析 ··· 71
  3.3.3 TGA 分析 ·· 72
  3.3.4 微观形貌分析 ·· 75
  3.3.5 XRD 分析 ·· 78
  3.3.6 应变恢复 ·· 80
 3.4 本章小结 ·· 81
 参考文献 ·· 81

第 4 章 提取细胞壁组分对木粉/HDPE 复合材料流变性能的影响 ········· 85
 4.1 引言 ·· 85
 4.2 实验部分 ·· 86
  4.2.1 主要原料 ·· 86
  4.2.2 主要仪器及设备 ··· 86
  4.2.3 木材纤维的制备 ··· 87

4.2.4　WPC 共混物的制备 87
4.2.5　表征方法 87
4.3　细胞壁组分与 HDPE 木塑复合材料流变性能的关系 92
4.3.1　傅里叶变换红外光谱（FTIR）分析 92
4.3.2　纤维尺寸和形态分析 94
4.3.3　复合材料界面形貌分析 96
4.3.4　微量混合流变仪分析 97
4.3.5　转矩流变仪分析 100
4.3.6　毛细管流变仪分析 100
4.3.7　旋转流变仪分析 103
4.3.8　力学性能分析 105
4.4　本章小结 107
参考文献 108

第 5 章　离子液体处理木粉对 HDPE 复合材料流变性能的影响 112
5.1　引言 112
5.2　实验部分 112
5.2.1　主要原料 112
5.2.2　主要仪器及设备 113
5.2.3　离子液体处理木粉 113
5.2.4　WPC 共混物的制备 114
5.2.5　表征方法 114
5.3　离子液体处理木粉对 HDPE 复合材料流变性能的影响 115
5.3.1　XRD 分析 115
5.3.2　DMA 分析 116
5.3.3　TGA 分析 117
5.3.4　复合材料微观形貌分析 118
5.3.5　微量混合流变仪分析 119
5.3.6　转矩流变仪分析 121
5.3.7　毛细管流变仪分析 122
5.3.8　旋转流变仪分析 124
5.4　本章小结 125
参考文献 126

第 6 章　细胞壁化学改性对 HDPE 复合材料流变性能的影响 128
6.1　引言 128
6.2　实验部分 128

- 6.2.1 主要原料 ·· 128
- 6.2.2 化学试剂 ·· 129
- 6.2.3 主要仪器及设备 ·· 129
- 6.2.4 木粉的化学改性 ·· 129
- 6.2.5 WPC 共混物的制备 ··· 130
- 6.2.6 表征方法 ·· 130
- 6.3 木粉化学改性对 HDPE 复合材料流变性能的影响 ·································· 131
  - 6.3.1 GA 和 DMDAEU 与木粉的反应机理 ·· 131
  - 6.3.2 木粉的增重率（WPG） ·· 132
  - 6.3.3 XRD 分析 ·· 132
  - 6.3.4 WPC 的微观形貌分析 ··· 133
  - 6.3.5 微量混合流变仪分析 ·· 134
  - 6.3.6 转矩流变仪分析 ··· 136
  - 6.3.7 旋转流变仪分析 ··· 136
  - 6.3.8 毛细管流变仪分析 ··· 138
- 6.4 本章小结 ·· 140
- 参考文献 ·· 140
- **总结与展望** ·· 142

第1章 木质纤维塑性加工研究动态

1.1 引　言

　　木质纤维在本书中是纤维状或粉末状木质纤维材料（lignocellulosic materials）的简称，木质纤维材料是由木质化了的植物纤维细胞构成的材料，是包括原木、锯材、森林抚育剩余物、原木造材剩余物、木材加工剩余物、废弃木制品和竹藤材乃至农作物秸秆等各种形态的天然植物纤维材料的总称，是可利用的森林资源的主体和重要的农业资源。与金属、无机非金属和合成高分子材料不同，木质纤维材料是地球上唯一可自然再生的大宗基础材料，其利用的效率和效益是林业产业发展的决定性因素和生态环境建设的重要影响因素。

　　木质纤维材料特有的化学组成和结构，使其具有较高的强度和刚性，且为热的不良导体，在高温加工过程中由于导热慢，导致表面局部降解而细胞壁内部却很少受到影响。因此，在通常的条件下，木质纤维材料既不能溶解于普通溶剂又不能通过挤出或模压等方式进行熔融加工。因此，木材加工行业一直以锯解、刨切、砂光等切削加工为主要生产方式，不得不以损失部分原材料为代价，尤其对于小径木、间伐材、采伐剩余物和最终尺寸较小的工件，加工所造成的资源浪费极其严重，各种废弃物占到原木材积的50%以上（刘一星，2005）。

　　热塑性塑料的塑性成型加工是一种利用材料在高温熔融条件下具有流动性而当冷却后又恢复刚性的特点而进行的加工过程，其突出优点是基本不产生加工剩余物，并且仅经过一次加工就能获得结构和形状复杂的产品，是塑性材料的先进加工方式。与金属、塑料等热塑性材料的塑性加工（有效利用率接近100%）相比，木材传统加工方法的一次有效利用率实在太低。尽管木质纤维材料在通常条件下是不溶解不熔化的黏弹性材料，但是作为天然高分子材料的复合体，它在一定条件下表现出较高的黏性，这就为研究木质纤维材料的塑性加工提供了可能。木质纤维材料塑性加工是探索大幅度提高木质资源利用效率的重要途径之一，对于林产工业产业技术的升级换代具有战略意义。

1.2　木质纤维材料

1.2.1　木质纤维材料的化学组成

　　木质纤维材料的主要化学成分包括纤维素、半纤维素和木质素，还有少量的有机抽提物和无机矿物质。其中高摩尔质量的主要化学结构成分为多糖（65%～

75%）和木质素（18%～35%），低摩尔质量的为有机抽提物和无机矿物质（4%～10%）（Rowell，1984）。纤维素、半纤维素、木质素的含量随树种的变化而变化，一些典型的木质纤维材料的化学成分如表 1-1 所示（Hon，1996）。杨木木质部中纤维素含量为 43%～48%、半纤维素为 24%～34%、木质素为 19%～21%（Mellerowicz et al.，2001）。Olson 等（1985）报道美洲黑杨（*Populus deltoids*）含 α-纤维素 48%～56%。杨木中的半纤维素主要为聚-*O*-乙酰基-4-*O*-甲基-葡萄糖醛酸基木糖，含量为 18%～28%（Mellerowicz et al.，2001）。

表 1-1 木质纤维材料的化学成分（%）

种类	纤维素	半纤维素	木质素	抽提物
阔叶树材（hardwood）	43.0～47.0	25.0～35.0	16.0～24.0	2.0～8.0
针叶树材（softwood）	40.0～44.0	25.0～35.0	25.0～31.0	1.0～5.0
蕉麻（abaca）	63.7	5.0～10.0	21.8	1.6
甘蔗渣（bagasse）	40.0	30.0	20.0	10.0
椰壳（coir）	32.0～43.0	10.0～20.0	43.0～45.0	4.5
玉米棒（corn cobs）	45.0	35.0	15.0	5.0
玉米秆（corn stalks）	35.0	25.0	35.0	5.0
棉（cotton）	95.0	2.0	0.9	0.4
大麻（hemp）	70.2	22.4	5.7	1.7
赫纳昆（henequen）	77.6	4.0～8.0	13.1	3.6
龙舌兰（istle）	73.5	4.0～8.0	17.4	1.9
黄麻（jute）	71.5	13.6	13.1	2.2
洋麻（kenaf）	36.0	21.5	17.8	2.2
苎麻（ramie）	76.2	16.7	0.7	6.4
剑麻（sisal）	73.1	14.2	11.0	1.7
菽麻（sunn）	80.4	10.2	6.4	5.0
麦秸（wheat straw）	30.0	50.0	15.0	5.0

1.2.1.1 纤维素

纤维素以微纤丝的形态存在于细胞壁中，有较高的结晶度，使木材具有较高的强度（Rowell，1984），占干材质量的 40%～50%。纤维素是由 5000～10 000 个 β-D-吡喃式葡萄糖基彼此以 (1→4)-β-苷键连接而成的线性天然高分子化合物（相对分子质量约 10^6）（图 1-1）。每个葡萄糖残基与相邻的葡萄糖残基依次偏转 180°排列，完

全以椅式构象通过 (1→4)-β-苷键连接使得纤维素大分子结构非常稳定，柔顺性达到最低。纤维素的基本重复单元是由两个葡萄糖残基组成的纤维素二糖基（图 1-1）。纤维素大分子链相互扭转聚集成束（Preston，1986），构成微纤丝。

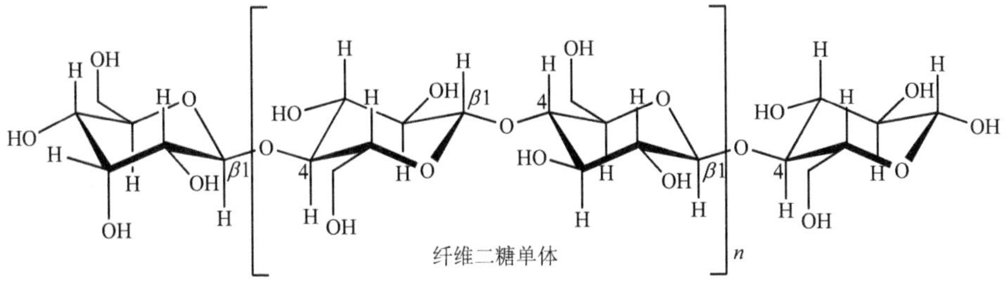

图 1-1 纤维素的化学结构

纤维素大分子，由于其独特的结构，具有形成强烈的氢键的倾向。氢键链接可分为两种，即分子内和分子间氢键。其中分子内氢键主要有两种（Gardner and Blackwell，1974；Zugenmaier，2001）：一种是 C3—OH 与相邻吡喃葡萄糖基环上的 O 原子之间的氢键（O3—H…O5′），另一种是 C2—OH 与相邻葡萄糖残基上的 C6 氧原子之间的氢键（O2—H…O6′）。分子间氢键沿 a 轴方向发生在 C6—OH 和 C3 氧原子上（O6—H…O3′）（Zugenmaier，2001），如图 1-2 所示，这些氢键对纤维素形态和反应活性有着重要的影响，尤其是 C6—OH 与邻近分子环上的氢所形成的分子间氢键不仅增强了纤维素分子链的线性完整性和刚性，而且使其分子链紧密排列而成高侧序的结晶区，其结晶度可达 50%～70%。单个的纤维素链与其他可溶性多糖（如直链淀粉）相比，在本质上其亲水性和疏水性并没有什么区别，但是，纤维素广泛的分子内和分子间氢键结合形成晶体，使其在一般的水溶液中完全不溶。然而，纤维素可溶于一些特殊的溶剂，如 N-甲基吗啉-N-氧化物

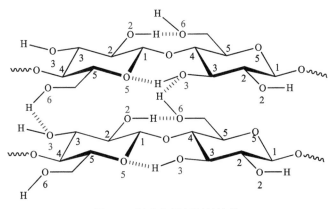

图 1-2 链内与链间氢键连接

（NMNO）、LiCl/DMAc、DMSO/PF、熔融盐水合物 LiClO$_4$·3H$_2$O、LiSCN·2H$_2$O 和离子液体（Araki and Ito，2006；Fischer et al.，2002，2003；Fort et al.，2007；Heinze and Liebert，2001；Masson and Manley，1991；Swatloski et al.，2002）。

天然纤维素的晶格受物理或化学作用而变化。球磨能够完全破坏纤维素晶体晶格（Hon，1985），溶解和沉淀也能改变纤维素的晶格（Fengel and Wegener，1984），研究还发现化学和热处理能够改变纤维素的晶体形态，其中最典型的是 Na-纤维素Ⅰ和纤维素Ⅱ。Na-纤维素Ⅰ是通过碱液处理得到的，纤维素膨胀程度决定于碱液的种类和浓度以及处理温度。处理后经冲洗除去钠离子，Na-纤维素Ⅰ转变成纤维素Ⅱ——具有更加稳定的晶格和更低的堆积能（Blackwell et al.，1978）。

1.2.1.2 半纤维素

木质纤维材料的第二主成分是半纤维素，一种由多种单糖构成的多糖，占干材质量的 25%~35%，其中针叶材 28%，阔叶材 35%（Rowell，1984）。除了葡萄糖外，半纤维素还含有各种其他的糖单元（Ishii et al.，2001；Timell，1964），如半乳糖、甘露糖、木糖、阿拉伯糖、4-O-甲基葡萄糖醛酸和半乳糖醛酸残基等（图 1-3）。这些非葡萄糖单元，由于其特殊环状结构和羟基构造，因此呈现不同于葡萄糖残基的反应活性，其反应活性一般较纤维素高（Timell，1967）。半纤维素的分子量比纤维素低，糖单体的重复数大约只有 150。在半纤维素结构中，虽然主要还是线状的，但常常有各种短支链。

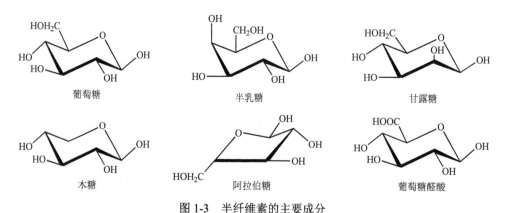

图 1-3 半纤维素的主要成分

1.2.1.3 木质素

木质纤维材料的第三主成分是木质素，在针叶材中占质量的 23%~33%，阔叶材中占 16%~25%（Bridgewater，2004）。苯丙烷作为木质素的主体结构单元，共有三种基本结构，即对羟苯基结构（H）、愈创木基结构（G）和紫丁香基结构（S）（图 1-4）。针叶树木质素以 G 为主，S/G 约为 1∶3~1∶2，含有少量 H；阔叶树木质素以 G 和 S 为主，S/G 约为 2∶1，H 含量极少；草类木质素与阔叶材木质素的结构单元组成相似，S/G 约为 1∶2~1∶1，但是 H 含量较多（Boerjan et al., 2003；Harton et al., 2012）。木质素是一种无定形物质，没有精确的结构，包围在微纤维、大纤维等之间，作为黏合剂将纤维聚集在一起，同时起着保护层的作用防止纤维素纤维受到微生物和真菌的快速侵蚀。木质素是三维网状、高度支链化的多酚化合物，苯基丙烷单元被"羟基"和"甲氧基"取代通过各种键接形成不规则排列（McCarthy and Islam, 2000）。与纤维素和半纤维素的缩醛官能团不同，木质素中醚键占主导地位，但也存在碳碳键，同时，木质素与多糖之间还存在共价键，即木质素-多糖复合体（LCC）（Fengel and Wegener, 1984），这就大大增强了纤维素纤维和木质素基体之间的胶接强度，起到黏结和强固作用。

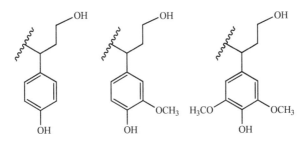

图 1-4　木质素结构单元的三种类型：对羟苯基丙烷（H）、愈创木基丙烷（G）和紫丁香基丙烷（S）

1.2.2　木质纤维材料的细胞壁结构

木质纤维材料的细胞壁主要由纤维素、半纤维素和木质素三种成分构成，它们对细胞壁的物理作用分工有所区别。如图 1-5（a）所示，纤维素是以分子链聚集成排列有序的微纤丝（CMF）束状存在于细胞壁中，赋予木质纤维抗拉强度，起着骨架作用，故被称为细胞壁的骨架物质；半纤维素以无定形状态包覆在微纤

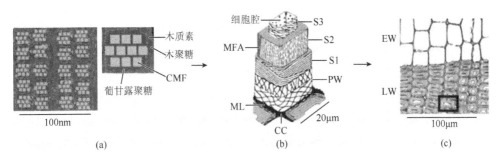

图 1-5　木质纤维材料细胞壁的结构示意图

CMF 为纤维素微纤丝；S1 为次生壁外层；S2 为次生壁中层；S3 为次生壁内层；PW 为初生壁；CC 为细胞角隅；ML 为胞间层；MFA 为微纤丝角；EW 为早材；LW 为晚材

丝表面并渗透在骨架物质之中，借以增加细胞壁的刚性，被称为基体物质；而木质素是细胞分化的最后阶段才形成的，它渗透在细胞壁的骨架物质中，可使细胞壁坚硬，所以被称为结壳物质或硬固物质（刘一星和赵广杰，2004）。

细胞壁各部分由于化学组成的不同和微纤丝排列方向（微纤丝角，MFA）的不同，在结构上呈同心层状，如图 1-5（b）所示，这种层状结构在电子显微镜下清晰可见（Fengel and Wegener，1984）。胞间层（ML）类似于胶黏剂将细胞牢固地黏接在一起，ML 的厚度变异较大，尤其在细胞角隅（CC），从 0.5μm 到 1.5μm。在细胞形成初期，ML 主要由一种无定形、胶体状的果胶物质所组成，形成网络结构，木质素不断沉积形成密实结构。初生壁（PW）壁薄，约 0.1μm，由纤维素、半纤维素、木质素、果胶和蛋白质组成。由于 ML 很难从 PW 层中分离开，因此将二者一起称为复合胞间层（CML）。次生壁（SW）是细胞停止增大以后，在初生壁上继续形成的壁层，主要由纤维素、半纤维素和木质素组成。由于微纤丝排列方向不同，可将 SW 明显地分为 3 层，即次生壁外层（S1）、次生壁中层（S2）和次生壁内层（S3），分别为 0.1～0.35μm、1～10μm 和 0.5～1.1μm（Plomion et al.，2001）。S1 层和 S3 层富含半纤维素，S2 层富含纤维素。S1 层的 CMF 呈平行排列，与细胞轴呈 60°～80°，以 S 形缠绕；在 S2 层，CMF 排列的平行度最好，呈 Z 形缠绕，早材中 MFA 为 10°～30°，晚材中 MFA 为 0°～10°；S3 层靠近细胞腔，CMF 与细胞轴呈 60°～90°，以 S 形缠绕，与 S2 层的 CMF 几乎垂直（Core et al.，1979；Plomion et al.，2001）。

木质素在细胞壁层间的分布不均匀，CC＞CML＞SW（Gierlinger and Schwanninger，2006；Horvath et al.，2012）。杨木细胞角隅区域木质素平均含量最高为 63%，不同细胞间存在差异为 52%～71%，导管次生壁中木质素含量次之为 25%，韧型木纤维的次生壁中木质素含量最低为 6%（Donaldson et al.，2001）。

如图 1-6 所示，纤维素具有独特的层次结构，由线性葡萄糖分子链→基元纤丝→3～4nm 宽的微纤丝→大纤丝→细胞壁→纤维（Isogai et al.，2011）。而有研究认为（Ding and Himmel，2006），纤维素的合成顺序为线性葡萄糖分子链→基

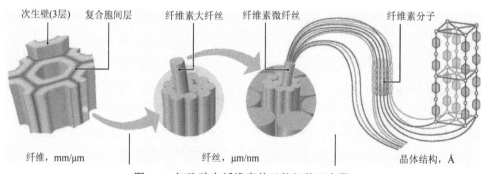

图 1-6　细胞壁中纤维素单元的组装示意图

元纤丝→大纤丝→微纤丝，这是由于基元纤丝具有高表面能的黏性表面，当一些基元纤丝同时合成后，它们立即聚集成为大纤丝，然后在大纤丝的末端分散成为平行排列的微纤丝。

在过去的四十多年中，学者们提出了许多 CMF 的结构模型（Brown，2004；Ding and Himmel，2006；Muhlethaler，1967），大部分的模型认为，纤维素形成晶核，半纤维素与纤维素晶体表面发生作用形成非晶外壳。而 Preston 和 Cronshaw（1958）则更早提出了 CMF 的核/壳模型，由有序排列的纤维素核和亚晶状纤维素壳组成，CMF 的横截面为 5nm×10nm 的矩形。

近年来，Ding 和 Himmel（2006）提出了一个新的基元纤丝分子模型，即"36 条链模型"（36-chain model），如图 1-7 所示。在此模型中，根据 36 条葡萄糖分子链所处位置不同，将其分成三组：第一组为"中心真实晶体核"（center true-crystal core），图 1-7 中 6 条浅灰色分子链（Ch1～Ch6）；第二组为与晶核直接相连的分子链，图 1-7 中 12 条深灰色分子链（Ch7～Ch18）；第三组为表层分子链，图 1-7

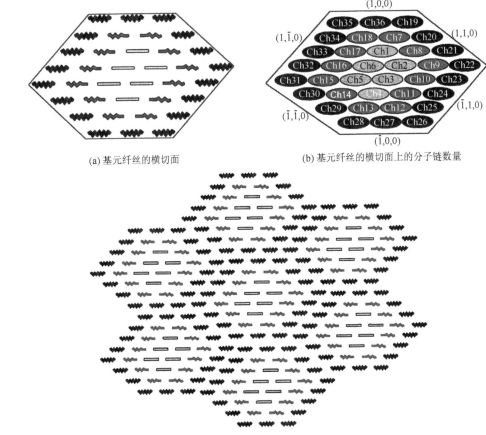

(a) 基元纤丝的横切面　　(b) 基元纤丝的横切面上的分子链数量

(c) 大纤丝的横切面

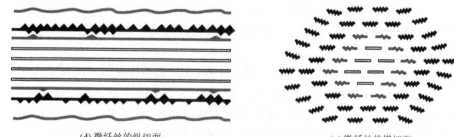

(d) 微纤丝的纵切面　　　　　　　　　(e) 微纤丝的横切面

图 1-7　36 条纤维素分子链的基元纤丝、大纤丝和微纤丝的分子结构模型
(Ding and Himmel, 2006; Nishiyama et al., 2003)

(a) 含有 36 条分子链的基元纤丝的横截面，结晶分子链用直线表示，非晶和亚晶分子链用波浪形表示；(b) 基元纤丝的横切面上的分子链数量，分子链从 Ch1 到 Ch36 编号，并分成三组，第一组（浅灰色）包括六条真实晶体的分子链，第二组（深灰色）包括 12 条亚晶态的分子链，第三组（黑色）包括 18 条亚晶态或非晶体的分子链；(c) 大纤丝的横切面，同一轨迹上若干窝状排列的莲座合成基元纤丝，进一步形成大纤丝，在细胞生长过程中，大纤丝最终分裂为单个的被半纤维素包覆的微纤丝 [(d) 和 (e)]；(d) 微纤丝的纵切面，半纤维素（灰色波浪线）包覆在基元纤丝表面形成刚性的微纤丝网络结构；(e) 微纤丝的横切面

中 18 条黑色分子链（Ch19～Ch36）。由于第二组分子链为第一组晶核与第三组表层分子链的过渡相，几乎为完整的晶体或亚晶态，取决于第三层的结晶度。靠近晶核一侧通过分子间氢键（O6—H…O3′）被固定，发生完全结晶，另一侧与表层分子链发生氢键作用，部分链段变成无序结构。第三组分子链在高纤维素含量的组织中，存在部分结晶结构，但是在其他情况下，完全为非晶结构。特别需要注意的是，基元纤丝不能独立地存在，表层分子链与邻近基元纤丝的表层分子链发生作用，组合成大纤丝，或者与半纤维素发生作用形成微纤丝。对于后者，由于与无定形半纤维素发生作用，表层分子链的构象发生了显著变化。从基元纤丝变成大纤丝或者微纤丝，结晶度均从晶核向第三组表层递减，但是大纤丝中基元纤丝的晶体尺寸最大。

1.2.3　细胞壁组分的相互作用和组装模式

木质纤维材料的物理、化学、动态黏弹性和生物学特性与纤维素、半纤维素和木质素的性质以及它们在细胞壁中的相互作用和组装模式密切相关（Terashima et al., 2009）。

1.2.3.1　初生壁

CMF 随机松散地排列在 PW 中，半纤维素覆盖在 CMF 表面并将 CMF 系扣住，形成承载网络构架，构成初生壁的基本骨架（Sticklen, 2008）。木葡聚糖与纤维素发生氢键作用（Reid, 1997），将两个相邻的纤维素分子黏接并交联在一起，并与果胶产生共价键结合（Bacic et al., 1988; Whitney et al., 1999）；木质素能与果胶和蛋白质均通过共价键交联在一起（Harrak et al., 1999）；果胶与蛋白质通过离子键连接，纤维素与果胶形成共价键（Ishii et al., 2001）；果胶自身通过共价键等交联成网络结构，蛋白质通过分子间桥接也能形成网络结构。这些结构相互独立但又相互交联形成了细胞壁的初生壁（Carpita and McCann，2000；Reid，1997）。后来的研究进一步发现，针叶材的木质素与多糖存在共价键连接，即木质素-多糖复合体（LCC）（Laine，2005；Lawoko et al.，2006）。

CMF 随机地分布在多糖中，未形成薄层结构，因此，骨架结构未对木质素颗粒的生长施加外力作用，从而木质素大分子以球状结构存在，表现为各向同性（Chowdhury et al.，2012；Salmen et al.，2012；Terashima et al.，2012）。

1.2.3.2 次生壁

关于 SW 中细胞壁大分子间的相互作用，研究者们开展了大量的工作，提出了薄层排列模型，即 CMF 被半纤维素包覆形成微纤丝束状物，包埋在无定形半纤维素和木质素基体中（Kerr and Goring，1975b，1975c；Ruel et al.，1978）。纤维素与半纤维素通过非共价键（即氢键）连接（Ishii et al.，2001；Page，1976），而木质素与半纤维素通过共价键连接（Johnson and Overend，1991）。Åkerholm、Salmén 和 Olsson 对针叶材次生壁中大分子之间的相互作用开展了大量的工作，他们发现葡甘露聚糖与纤维素存在强烈的相互作用，而木聚糖与木质素的作用更加强烈（Åkerholm，2003；Åkerholm and Salmén，2001；Salmén and Olsson，1998）。半纤维素对纤维素的聚集模式影响显著，它能够影响纤维素的结晶结构和 CMF 的尺寸（Tokoh et al.，2002），半纤维素还被报道是木质素在细胞壁中沉积的模板（Terashima et al.，2004）。阔叶材中存在两种木聚糖，分别为低取代度和高取代度木聚糖（Kim et al.，2012b），低取代度木聚糖包覆在 CMF 表面，主要控制 CMF 的聚集，而高取代度木聚糖以球状（Awano et al.，2002）和丝状（Fengel and Przyklenk，1976）形式渗透在 CMF 的空隙间并聚集在 CMF 表面，低取代度木聚糖向外与密实型的木质素相连接，而高取代度木聚糖与疏松型的木质素相连接（Ruel and Joseleau，2005）。

次生壁 S2 层中大分子的取向对整个细胞壁的功能特性非常重要，这是由于 S2 层占细胞壁总厚度的 75%～85%（Fengel and Wegener，1984）。纤维素分子链在 S2 层的排列基本上与纤维轴向平行（Åkerholm and Salmén，2001；Chowdhury et al.，2012；Hinterstoisser et al.，2001；Olsson et al.，2011；Salmen et al.，2012），而半纤维素和木质素的取向取决于 CMF（Olsson et al.，2011；Page，1976）。报道称一部分半纤维素分子的取向与纤维素平行并且覆盖在 CMF 表面，剩余半纤维素随机地分散在 CMF 或 CMF 束的间隙里（Jurasek，1998），并且/或同一半纤维素分子的一部分能够吸附在 CMF 上，而另一部分渗透到无定形基体中与木质素发生共价键作用（Page，1976）。最近的研究发现，杂交杨木中木聚糖和木质素平行 CMF 方向发生高度取向（Olsson et al.，2011），针叶材和阔叶材树枝中的木聚糖和木质素平行 CMF 方向也发生取向（Simonović，et al.，2011），即平行细胞壁纵轴取向。拉曼微探针谱图显示，黑云杉（*Picea mariana*）早材次生壁中的木质素平行细胞壁表面取向，在大多数情况下，苯基丙烷结构单元的芳环与细胞壁表面平行（Atalla and Agarwal，1985）。

  CMF 或 CMF 束在细胞壁横切面 SW 上的排列模式一直以来就是研究者争论的热点。Sell 和 Zimmermann 报道 CMF 束以径向模式分布在 SW 上（Sell and Zimmermann，1993a，1993b；Zimmermann and Sell，1997），如图 1-8（a）所示。Fahlén 和 Salmén（2002）却认为 CMF 的径向分布可能是由于样品制备过程中能量释放所造成的，他们采用原子力显微镜在云杉（*Picea abies*）管胞上观察到切向分布，如图 1-8（b）所示。与径向和切向不同，Donaldson 等发现 CMF 主要以随机的模式分布在 SW 上（Donaldson，2007；Donaldson and Frankland，2004；Zimmermann et al.，2006），如图 1-8（c）所示。由于 CMF 的高度取向，木质素在限定的空间内优先沿着 CMF 轴并且平行细胞壁表面沉积（Donaldson，1994；Salmen et al.，2012），而木质素在向心方向的扩张却受到 CMF 的机械限制（Donaldson，1994）。因此，半纤维素-木质素复合物以管状的串珠形式沿着半纤维素包覆的 CMF 拉伸生长（Terashima et al.，2012），如图 1-9（a）所示。

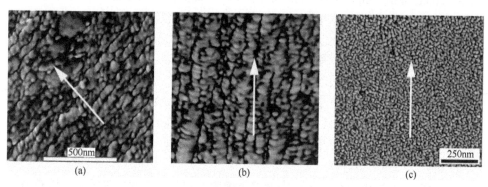

图 1-8 次生壁横截面上 CMF 的分布模式

(a) 径向分布（Sell and Zimmermann，1993a）；(b) 切向分布（Fahlén and Salmén，2002）；
(c) 随机分布（Zimmermann et al.，2006）；箭头方向表示切向

  去木质素后 SW 层的总体外观与素材的基本相似，但 CMF 以及 CMF 束之间表现出狭缝状（slit-like）（Hafrén et al.，1999）或棱镜状（lens-shaped）（Bardage et al.，2004）的孔隙，如图 1-10（a）所示，孔隙间存在清晰的半纤维素桥接（Hafrén et al.，1999）。亚氯酸钠处理未使 CMF 以及 CMF 束在侧向上聚集成较大束状（Hafrén et al.，1999），细胞壁的厚度与杨木素材的相近，并且细胞壁未发生分离（Jung et al.，2010）。Awano 等（2002）也报道了亚氯酸钠法去木质素未明显改变山毛榉韧型木纤维 S2 层中 CMF

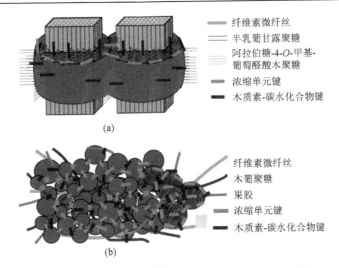

图 1-9 无定形基体的组装模式（Terashima et al., 2012）

(a) SW 中半纤维素-木质素模块；(b) CML 中果胶-木质素模块似葡萄群簇

的直径和外观。去木质素逐渐增大了细胞壁中的孔隙直径（Hafrén et al., 1999; Kerr and Goring, 1975a）。分析杨木木粉中多糖的种类和比例发现，亚氯酸钠处理只溶解了少量的非纤维素多糖（Jung et al., 2010），阿拉伯糖和半乳糖分别从 1.7%和 2.3%降低至 0.9%和 1.6%，而木糖的含量相应地从 21.1%提高至 21.5%（Jung et al., 2010）。

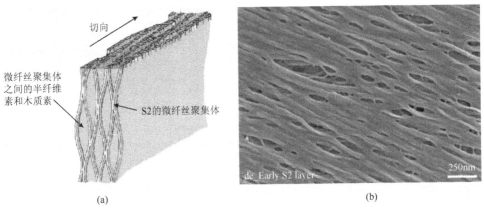

图 1-10 (a) SW 层微纤丝束的示意图（Boyd, 1982）；(b) 柳杉 SW 层去木质素后的 SEM 照片（Kim et al., 2012a）

1.2.3.3 胞间层

胞间层（ML）在木质化之前，由半纤维素和果胶所形成的精细无规网络结构组成，其中基本上不含纤维素（Hafrén et al.，2000；Raghavan et al.，2012）。随着木质素的沉积与结壳，ML 逐渐变得密实，完全木质化的 ML 表面变得致密，并且有球状结构的木质素覆盖（Hafrén et al.，2000）。木质化后，相邻两个细胞的 PW 与 ML 的结构差异变得模糊，难以辨别，因此将 ML 和其两侧的 PW 合在一起成为复合胞间层（CML）（Raghavan et al.，2012）。

在胞间层（ML），多糖（纤维素和半纤维素）未发生取向或取向度很低，木质化过程中以离散的木质素颗粒为中心向各个方向均匀扩散，形成球状的木质素大分子，并紧密地相互渗透在精细多孔的多糖网络结构中形成物理和化学结合（Donaldson，1994）。ML 中的木质素表现为各向同性（Chowdhury et al.，2012；Salmen et al.，2012；Terashima et al.，2012）。

如图 1-11 所示，透射电子显微镜（TEM）分析发现（Hafrén et al.，2000），去木质素 CML 中表现为高度多孔的网络结构，孔径分布为 9~40nm，残留骨架直径为（5.5±1.7）nm，去木质素后 CML 的截面积和孔隙率显著增加，而残留骨架的宽度与去木质素之前相近。在去木质素过程中，果胶在弱酸性条件下（pH=3.5）也被溶解掉（Smidsrod et al.，1966），由此可以推断，CML 经亚氯酸钠处理后，残留骨架结构为半纤维素（Hafrén et al.，2000）。

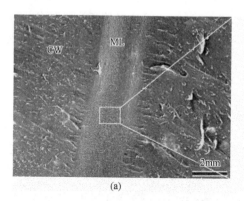
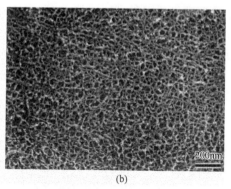

(a) (b)

图 1-11 日本黑松管胞胞间层的结构（Hafrén et al.，2000）

(a) 细胞壁；(b) 胞间层

1.3 改善木质纤维材料热塑性的方法概述

1.3.1 木质纤维材料的热塑化改性

20 世纪 70 年代末以来，研究者们致力于将木质纤维材料通过化学改性转化为热塑性材料。Funakoshi 等（1979）和 Shiraishi 等（1979a，1979b）报道了木材经酯化和醚化可以转变为热熔性材料，开辟了将木材化学改性转化为热塑性材料的木材科学研究新领域。随后，木质纤维材料的热塑性改性研究引起了研究者的广泛关注。

1.3.1.1 酯化反应

采用琥珀酸酐（SA）、马来酸酐（MA）和邻苯二甲酸酐（PA）在有（无）二甲基甲酰胺（DMF）溶剂和/或 Na_2CO_3 的情况下对木粉进行酯化改性，酯化木材在 160℃和 115MPa 下具有显著热流动性，可热压成红褐色半透明的塑料薄片，其热塑性 SA>MA>PA（Matsuda，1987；Matsuda et al.，1984a，1984b，1988）。Rowell 等（Rowell and Clemons，1992；Rowell et al.，1994）的研究只对木纤维或农作物纤维的基质木质素和半纤维素进行塑化改性，而保持起到增强作用的纤维素的完整性。在非溶剂体系中可直接用脂肪酰氯酯化木粉，原始木粉没有表观熔融黏度，随着酰基碳原子数量的增加（8~12），酯化木粉的表观熔融黏度降低，但当碳原子数超过 12 反而增大，这是由于数量较少的酰基侧链在木材中产生的自由体积较小，熔融程度降低（Thiebaud and Borredon，1995；Thiebaud et al.，1997）。在非溶剂条件下利用琥珀酸酐作为酯化剂可将甘蔗渣转化为热塑性材料，总酯含量为 35.3%的样品在 190℃下热压 8min 后横截面非常密实（Hassan et al.，2000，2001）。先用马来酸酐对杨木锯末进行单酯化生成游离羧基，再与甲基丙烯酸环氧丙酯和马来酸酐交替发生齐聚酯化反应，得到的齐聚酯化木粉在 80℃即开始软化，经热压成型制得了高强度板材（Timar et al.，2000a，2000b，2004）。在非溶剂体系中采用氮气保护，用辛酰基氯处理日本雪松锯末，酰化后锯末的结晶度降低，热塑性及热稳定性得到提高，并随反应时间的延长效果更明显（Wu et al.，2004a）。TMA 测试表明，在 0.01N 的作用力下，反应 4h 的酰化日本雪松锯末在 250℃开始软化，并在 300℃下能够完全流动。

1.3.1.2 醚化反应

苄基化和氰乙基化可将木粉转换为热塑性材料，木质素抑制了苄基化反应（Hon and Luis，1989；Hon and Ou，1989）。采用 NaOH 做润胀剂和催化剂，对杉木进行氰乙基化和苄基化改性，可将杉木转化成热塑性材料，增重率分别为 35%和 115%的氰乙基化木和苄基化木均可热压成半透明的塑料状薄片（余权英和蔡宏斌，1998；余权英和李国亮，1994）。烯丙基化可提高木材的热塑性（Ohkoshi，1990，1991；Ohkoshi et al.，1992），随着烯丙基化程度增大木材的热塑性提高，在烯丙基化过程中，纤维素发生重结晶，但纤维素的软化温度几乎没有降低，对木材热塑性的贡献主要在于对木质素的改性，而木聚糖的改性对木材热塑性没有影响。采用苄基化对剑麻纤维进行改性，纤维表层被塑化，而芯层未发生改变，纤维经热压可制备成自增强纤维素复合材料，塑化表层充当基体，芯层做增强相（Lu et al.，2003，2004）。对木粉进行苄基化改性，并用剑麻纤维增强塑化木粉可热压制备全植物纤维复合材料（Zhang et al.，2005b）。

1.3.2 木质纤维材料的溶解

木质纤维材料特殊的结构和性质决定了它不溶于水和普通有机溶剂。由于日益增强的环保意识和化石原料的不可再生性，人们迫切需要通过绿色过程从再生资源中来发展一种新的材料。用天然的木质纤维材料替代合成高分子材料就是这样一个令人特别感兴趣的领域，科学家们一直在寻求能够有效溶解木质纤维材料的无污染和可回收利用的绿色溶剂。

1.3.2.1 传统的纤维素溶剂

多聚甲醛/二甲基亚砜（PF/DMSO）是纤维素的一种优良的无降解溶剂（Masson and Manley，1991），其溶解纤维素的机理为：PF 受热分解产生甲醛，与纤维素的羟基反应生成羟甲基纤维素，进而溶解在 DMSO 中。

有机碱类溶剂种类繁多，其中最引人瞩目的是 N-甲基吗啉-N-氧化物（NMMO）（Heinze and Liebert，2001）。纤维素在 NMMO 中的溶解机理为：强极性官能团 N—O 中氧原子上的两对孤对电子可以和纤维素大分子中的羟基（Cell—OH）形成强的氢键 Cell—OH⋯O—N，生成纤维素—NMMO 络合物。这种络合作用先是在纤维素的非结晶区内进行，破坏了纤维素大分子间原有的氢键，由于过量的 NMMO 溶剂存在，络合作用逐渐深入结晶区内，继而破坏纤维素的聚集态结构，最终使纤维素溶解。

Araki 和 Ito（2006）发现，氯化锂的二甲基乙酰胺溶液（LiCl/DMAc）可以溶解纤维素。溶剂中的 Li^+ 在 DMAc 的羰基和氮原子之间发生络合，生成 $DMAcLi^+$ 络离子，游离出的 Cl^- 与纤维素羟基质子结合，纤维素与 DMAc-LiCl 之间形成了强烈的电场和氢键作用，破坏纤维素晶格中原有的氢键网格，从而使纤维素溶解。

无机熔融盐水合物按其对纤维素的作用可分为四类（Fischer et al.，2003）：溶解（如 $LiClO_4·3H_2O$）、溶胀（如 $LiNO_3·3H_2O$）、分解（如 $MgCl_2·6H_2O$）和对纤维素没影响（如 $NaOOCCH_3·3H_2O$）。

虽然上述溶剂有很好的溶解纤维素材料的能力，但或多或少存在以下缺点：易挥发、有毒、价格昂贵、溶剂难以回收利用、使用过程中不稳定、产品性能差等，制约了这些溶剂体系的工业化发展。

1.3.2.2 室温离子液体

室温离子液体是一类在室温下以液体状态存在的有机盐类化合物，以其熔点低、液程宽、蒸气压小、酸碱性可调、分子可设计和优越的溶解性能成为纤维素的新型绿色溶剂，近年来引起人们的广泛关注。离子液体与传统的纤维素溶剂相比，具有低挥发性、易于回收再利用、热稳定性好等优点，避免了有机溶剂所造成的污染。

1934年，Graenacher发现了可以溶解纤维素的有机熔融盐，N-乙基吡啶氯化物，但因其较高的熔点（118~120℃），没有得到应用发展。2002年，Swatloski等发现纤维素无需活化可以直接溶解在烷基咪唑类离子液体中，为纤维素溶剂体系的研究开辟了新领域。

此后，有关研究者（Zhang et al.，2005a；任强等，2003）合成了一种新的室温离子液体，氯化 1-烯丙基-3-甲基咪唑（[Amim]Cl），同样对纤维素有很好的溶解性能。室温状况下，纤维素在[Amim]Cl中被溶胀；60℃搅拌条件下，纤维素可以很快溶解在[Amim]Cl中，并且随着温度的升高溶解速度加快。比较[Amim]Cl和 1-丁基-3-甲基咪唑氯化物（[C_4mim]Cl）对纤维素的溶解能力，发现同样溶解条件下含有双键的[Amim]Cl具有明显优势，推测其原因可能与[Amim]Cl的阳离子体积较小而渗透性较强有关，但有待于进一步论证。

Fort等（2007）研究了[C_4mim]Cl对不同树种木片（松木、杨木、桉树和橡木）的溶解性能，发现[C_4mim]Cl能够部分溶解未处理木材，溶解分离出来的纤维素的纯度、物理性质和加工特性与纯纤维素相似。与基于纤维素不被溶解的脱木质素方法相比，离子液体能够同时溶解木质素和多聚糖，因此，木材各组分之间通过非共价键连接的复杂网状结构被有效破坏。

Kilpeläineni等（2007）对Fort的研究做了分析，认为木材的溶解率高度依赖于木材样品的颗粒大小，这是由于木材细胞壁复杂密实的结构阻碍了离子液体向其内部扩散，从而使木片只能部分溶解。他们在研究中发现，木质纤维材料在离子液体中的溶解效率为球磨木粉＞木粉≥热磨木浆纤维≫木片。但[Amim]Cl和[C_4mim]Cl的木材溶液外观上并不十分清澈，而纤维素及各种半纤维素的溶液却是清澈的黏性液体（Wu et al.，2004b），这种雾蒙蒙的外观可能是由于木质素的存在。为了验证这一点，Kilpeläineni等（2007）设计合成了一系列含有苯基的离子液体［如氯化 1-苯基-甲基咪唑（[Bzmim]Cl）］，并检验它们对木材的溶解性能，结果发现，[Bzmim]Cl/木材溶液呈现出完全透明、琥珀色的黏性液体；并引用Abraham溶剂化方程（Anderson et al.，2002）对此进行了理论阐述：离子液体与溶质发生的各种相互作用包括色散力、π-π键、n-π键、氢键结合、偶极化作用、离子/电荷-电荷作用，而[Bzmim]Cl离子液体中的阳离子含有富电子的芳环 π-体系，它能够与木质素的芳香基 π-体系发生强烈的作用，从而使木质素溶剂化。

1.4 与塑性加工相关的木质纤维材料的材料学特性

1.4.1 热性质

木质纤维材料及其组分的结构和物理、化学性质与温度有关，大量文献报道了采用TG、DSC、TMA、DTA等热分析技术研究木质纤维材料的热性质等物理化学性质变化的研究成果。由于木质纤维材料的非均一性和复杂性，热处理导致了一系列的物理化学转变，许多研究结果都不一致，甚至有些相互矛盾，这种不一致性可能是由所使用的仪器设备或样品的制备方法不同造成的。因此，要比较不同的研究结果，必须考虑实验条件和样品的预处理的差异。

关于纤维素热性质的大部分研究都跟热降解有关（Nguyen et al.，1981）。结晶度对纤维素热解的影响也有相关报道。纤维素的热解速率与结晶度成函数关系，动态热重分析显示，纤维素的表观活化能是非晶区活化能（126kJ/mol）与结晶区活化能（约251kJ/mol）的平均值（Basch and Lewin，1973）。

除了热化学反应外，纤维素在热的作用下还发生显著的物理变化，如熔融、玻璃化转变和次级转变等。由于结晶纤维素在高温下的热解活性，不可能测定其熔点（Fengel and Wegener，1984）。Nordin 等（1974）利用经验关联式 $T_g=0.7\,T_m$（K）从纤维素的玻璃化转变温度（T_g）中估算出其熔点（T_m）约为 450℃，在二氧化碳激光的连续照射下，通过快速加热（0.1ms 内温度升高到 500℃），观察到纤维素纤维表面有熔融效果，SEM 观察到有热气泡产生和原纤结构消失。

虽然半纤维素在木材中的含量比纤维素和木质素少，但它对木材和全纤维素的热行为却有重要的影响，这是由于半纤维素与纤维素和木质素相比具有最低的热稳定性（Nguyen et al.，1981）。

由于木质素是无定形聚合物，在加热的过程中发生玻璃化转变，这是由于木质素链段开始运动。玻璃化转变伴随着自由体积、热容和热膨胀系数的突变，这些都表现在 DTA 或 DSC 温度曲线上的转变（Strella，1963）。由于木质素在分离过程中不可避免地被破坏和部分降解，分离木质素的热分解行为不一定与原生木质素相一致。

1.4.2 动态黏弹性

1.4.2.1 木质纤维材料的动态黏弹性与其主要组分的关系

木质纤维材料是由纤维素、半纤维素和木质素三种主成分构成的一种复杂的高分子材料，大分子链段运动、结晶化、取向等运动形式和过程的存在使木质纤维材料表现出黏弹性行为（王洁瑛和赵广杰，2002）。

关于木材的化学组分与木材动态黏弹性的关系，研究者们开展了一系列的研究工作。Hillis 和 Rozsa（1978）指出，从室温至 100℃范围内，能观察到两个力学松弛过程，分别是由半纤维素和木质素引起的。Salmén（1984）却在与 Hillis 相同的温度范围内只观察到一个力学松弛过程，是由于木质素的热软化而产生，即饱水原生木质素的玻璃化转变。可见，半纤维素在木材软化过程中的作用并不明确。Furuta 等（1997）发现了在-40℃附近的一个力学松弛过程，并且推测出此过程是水溶性的多糖和水的存在引起的。Garcia 等（2000）对比研究了光降解前后巨冷杉木材的动态黏弹性，在压缩和拉伸形变模式下，均只发现一个力学松弛过程，他们认为是由于木质素的软化引起的，从而得出结论：光照仅对木质素有降解的作用而对纤维素和半纤维素之间的连接没有破坏作用。Åkerholm 和 Salmén（2003）研究表明，木质素比纤维素和半纤维素表现出更多的黏弹性行为，他们认为这一点可以较好地解释木材横向的黏弹性质。

Olsson 和 Salmén（1992）研究发现，由于阔叶材中甲氧基含量较高，即较高的 S/G（紫丁香基/愈创木基单元），木质素的交联度较低，因此软化温度较针叶材低；不同阔叶材之间，木质素中甲氧基含量越高，湿材的软化温度越低（Olsson and Salmén，1997）。Placet 等（2007）和 Pilate 等（2004）对应拉木、应压木和正常木的动态黏弹性进行了比较，发现应拉木比正常木的 S/G 高，表现出较低的 T_g；云杉应压木富含对羟基苯基单元（不含甲氧基），木质素的交联度较高，因此比正常木的 T_g 高。上述研究的比较只考虑了木质素结构的不同，而木质素含量未考虑在内。木质素的结构和含量均会影响木材的 T_g。Horvath 等（2011）针对这一局限性，通过转基因技术对正常杨木的木质素结构和含量进行调节，降低木质素含量、提高 S/G、提高木质素含量并降低 S/G，结果发现降低木质素含量显著降低了杨木的 T_g，而提高 S/G 未对 T_g 产生影响，与 Olsson 等和 Placet 等得出了相反的结论。从而为实现塑性加工创造了条件。Neogi 和 Floyd（2002）通过基因技术提高木质素的含量并且降低木质素的分子量和交联度，可以显著降低木材的 T_g。由此可见，木质素的含量和结构对木材 T_g 的影响尚未定论。

1.4.2.2　化学处理木质纤维材料的动态黏弹性

Nakano（1994）采用三氟乙酸酐和脂肪酸对日本椴木进行酯化改性，DMA 测试在-150～200℃范围内发现 5 个松弛峰，即木质素的主链运动（α'）、受约束的木材组分的主链运动（α）、无定形区酯化纤维素主链的微布朗运动（β）、与水分相关的木材组分的局部运动（γ）、引入侧链的运动（δ），但前两者只是推测，没有得到证明。Sugiyama 等（1998）在-150～200℃范围内对云杉 4 种化学处理（甲醛化、乙酰化、环氧丙烷处理和聚乙二醇处理）材的储能模量和损耗角正切值进行测定，并用细胞壁模型进行了估测，结果显示，甲醛化木材中，由于羟基间甲醛桥键的引入限制了主链的微布朗运动，使得 $\tan\delta$ 在 0℃以上降低；由于大侧链的引入，乙酰化和环氧丙烷处理木材的储能模量在整个温度范围内显著降低，$\tan\delta$ 在高温区域显著增大；在 20℃以下，由于细胞腔和细胞壁中的聚乙二醇被冻结，聚乙二醇处理木材的储能模量增大，而当温度高于 20℃时，由于聚乙二醇熔融而降低。Obataya 等（2003）研究了乙酸酐（AA）、葡萄糖五乙酸酯（GPA）溶液酰化的云杉木材在弦向的动态黏弹性，发现溶液中 GPA/AA 用量比值越大，木材膨胀得越明显。蒋佳荔等（2006）测定了含水率在纤维饱和点状态下脱木质素木材、DMSO 处理木材和非晶化处理木材以及素材的动态黏弹性，结果表明，在-30℃附近的 α 松弛过程中非晶化处理木材的活化能最高，DMSO 处理木材次之，脱木质素处理木材与素材接近。

1.4.2.3 木质纤维材料动态黏弹性的温度依赖性

高聚物的内耗（通常用 tanδ 来表示内耗大小）与温度有很大关系（何曼君等，2006）。温度在 T_g 以下时，线性高聚物受外力作用形变很小，这种形变主要由键长和键角的改变引起，速度很快，应变几乎完全跟得上应力的变化，tanδ 很小，所以内耗很小；温度升高，向高弹态过渡时，由于链段开始运动，而体系的黏度还很大，链段运动时受到的摩擦阻力比较大，因此高弹形变显著落后于应力的变化，tanδ 较大，内耗也大；当温度进一步升高时，虽然变形大，但链段运动比较自如，tanδ 小，内耗也小。木质纤维材料作为天然高聚物，其动态黏弹性同样具有温度依赖性。

Schaffer（1973）在前人研究的基础上，对无氧加热过程中绝干木材的热转变行为的温度依赖性进行了归纳。Faix 等（1988）认为木质素的结构改变发生在 47℃，质量损失发生在 180～200℃。Back（1982）发现在绝干状态下木材的玻璃化转变温度非常高，纤维素、半纤维素和木质素的玻璃化转变温度范围分别为 200～250℃、150～220℃和 130～205℃。Irvine（1984）认为在自由水存在的条件下，木材中木质素发生玻璃化转变的温度范围是 60～90℃。蒋佳荔和吕建雄（2008）采用 3 种方法分别对杉木木材进行干燥处理，在温度-120～250℃测量了三种处理材的动态黏弹性，结果表明，储存模量和损耗模量均表现为高温干燥处理材最大，低温干燥处理材次之，真空冷冻干燥处理材最小。

1.4.2.4 木质纤维材料动态黏弹性的含水率依赖性

水分几乎影响着木质纤维材料所有的物理力学性质，因此其动态黏弹性的含水率依赖性同样受到研究者们的关注。Back（1982）研究了木材化学主成分的热软化温度，强调水分在木材热软化过程中的作用。Kelly 等（1987）对不同含水率木材的储存模量和损耗因子进行了测定。Ishimaru 等（1996）比较研究了分别经有机液体润胀、吸着水润胀和自由水润胀后木材的动态黏弹性，他们认为木材在不同润胀状态下表现出的黏弹性质与润胀液体吸着作用而产生的聚集效应有关。蒋佳荔和吕建雄（2006）研究了不同含水率平衡态下杉木人工林木材的动态黏弹性质，力学松弛过程的强度随着含水率的增加而降低。Sun 等（2007）在-100～150℃范围内发现微量含水量的变化（0～0.7%）对木材的动态黏弹性产生明显影响。在 50℃与 1Hz 的扫描条件下，木聚糖比葡甘露聚糖的 T_g 发生在较高的相对湿度下，分别为 76%和 65%（Olsson and Salmén，2003）。

1.4.2.5 塑化剂对木质纤维材料动态黏弹性的影响

Sadoh（1981）对比研究了木材在甲酰胺、聚乙二醇和水中溶胀后的扭转模量和机械阻尼，在相同的溶胀程度下，甲酰胺溶胀木材的阻尼峰对应的温度最低为 40℃，聚乙二醇次之为 80℃，水最高 100℃。邻苯二甲酸酯类、磷酸酯类和脂肪酸酯类等合成塑化剂对硫代木质素和二氧六环木质素的塑化效果与塑化剂的溶解度参数相关，与木质素的溶解度参数越接近，塑化效果越高；塑化剂和水共同使用的塑化效果比单独使用塑化剂或水效果更显著（Sakata and Senju，1975）。Bouajila 等（2005）采用香草醛和乙二醇原位塑化木质素，制备无胶纤维板，能够提高纤维板的力学性能，香草醛的效果优于乙二醇，这是由于香草醛是一种具有反应活性的塑化剂，发生类似于木质素-木质素交联的反应。Chowdhury 和 Frazier（2013）通过旋转流变仪采用压缩扭转模式将北美鹅掌楸试样沉浸在不同塑化剂中进行动态黏弹性测试，N, N-二甲基甲酰胺（DMF）和 N-甲基吡咯烷酮（NMP）塑化木材的体积膨胀率≥25%，T_g 在 50℃附近，乙二醇和丙三醇塑化木材的体积膨胀率<25%，T_g≥100℃。

1.4.3 应力松弛

木材的应力松弛与细胞壁主成分密切相关，通常由木质素、纤维素和半纤维素的结构或形态的变化引起。因此，可从改变木材主成分的形态出发，研究木材的应力松弛。例如，Fushitani（1965）通过对脱木质素处理木材的应力松弛实验，初步构想从木材分子水平上解明木材的黏弹性。随后，他还在变换温度及木材含水率的条件下，测定了脱木质素木材的应力松弛（Fushitani，1968）。另外，从木材的应力松弛出发可了解木材细胞壁主成分分子之间结合形态的变化。代表性的研究有：Sato 等（1975）利用木质素溶剂 SO_2-DMSO（二甲基亚砜）、DMSO、纤维素溶剂 N_2O_4-DMSO 和 SO_2-DEA（二乙胺）-DMSO 等处理王桦木材，测定了木材在处理液-水置换-干燥-水处理过程中的应力松弛；Aoki 和 Yamada（1977a，1977b）分离出了木材细胞壁主成分的形态变化引起的 5 个松弛过程：非结晶区域纤维素分子、半纤维素分子的链段运动引起的物理松弛，非结晶区内糖苷键被切断引起的化学松弛，木质素分子运动引起的物理松弛，结晶区内糖苷键被切断引起的化学松弛，但对于木材细胞壁主成分分子间的结合性质及在化学处理过程中木材主成分之间结合形式的变化没有涉及；Xie 和 Zhao（2004a，2005）研究了温度周期变化过程中脱 Matrix 处理木材、温度上升或下降过程中化学处理木材的应力松弛。

1.4.4 蠕变

Lemiszka 和 Whitwell（1955）认为半纤维素与纤维素之间以氢键结合，这种结合容易生成也容易消失，当木材受到一定的外力时，木材细胞壁中纤维素和半纤维素之间容易产生滑移，从而蠕变增大。Sato 等（1975）研究认为，纤维素结晶区和非结晶区中分子的滑移和镶嵌、Matrix 之间微纤丝的滑移、细胞壁间层细胞相互间的滑移是木材塑性变形的原因。而 Xie 和 Zhao（2004b）认为，除木材细胞壁中分子形态或结构的变化对蠕变有影响外，还有细胞壁主成分分子之间结合形式的变化，这一构想有利于使木材改性深入到木材的结晶领域，但这方面的研究还有待深入。

木材细胞壁主成分分子结合的典型形式包括：纤维素和半纤维素大分子中单糖残基的糖苷键结合；纤维素大分子链之间的氢键和范德华力连接；纤维素与半纤维素分子间主要以氢键结合；木质素与半纤维素之间主要以醚键、酯键和缩醛键结合；木质素分子链主要以醚键和碳碳键连接形成（Freudenberg and Neish，1968）。

胞间层及细胞壁的外层主要由木质素组成，木材细胞间的相互滑移引起的蠕变与木质素的关系最大。若细胞壁间层的间隙增大或木质素分子的网状结构被打乱，木材的蠕变势必增大。正是基于这种观点，Sumiya 等（1967）报道了化学处理扁柏材的蠕变和红外吸收，通过化学方法除去木材细胞壁中的一部分木质素后测定其蠕变特性，结果蠕变显著增大。Xie 和 Zhao（2001）也讨论了脱木质素杉木木材在吸湿解吸过程中的蠕变，发现处理木材的机械吸湿蠕变显著大于未处理木材。

木材纤维素由结晶区和非结晶区两部分组成，结晶度为 50%~70%。结晶区的纤维素分子排列紧密而有序，因而木材细胞壁中结晶度的大小在一定程度上决定着木材的性质。Xue 等（2005）采用 DMSO 和消晶化溶液 $DEA-SO_2-DMSO$ 对杉木进行处理，$DEA-SO_2-DMSO$ 消晶化处理杉木的蠕变柔量最大，DMSO 处理杉木次之，未处理材最小。

半纤维素作为木质素与纤维素之间的连接物质，对木材细胞壁中分子的流动有着重要的作用。Sumiya 等（1967）在恒温恒湿的条件下测定了脱半纤维素木材的蠕变，Xie 和 Zhao（2001）讨论脱半纤维素杉木木材在吸湿解吸过程中的蠕变，结果都发现脱半纤维素木材的蠕变显著大于未处理木材及脱木质素木材的蠕变。

1.4.5 木质纤维材料的可及性

纤维素的可及性是影响其反应活性的重要因素，这一点已被科学界公认（Young and Rowell，1986），纤维素的反应活性不仅与其表观结晶度有关，还与其超分子结构有关（Kamide et al.，1992）。例如，经碱处理后天然纤维素的结晶度事实上有所降低，但其乙酰化或硝化反应的活性却严重下降（Kennedy et al.，1993）；再生纤维素不溶于某些有机溶剂（DMSO），但天然纤维素却很容易溶解于其中（Kamide et al.，1992）。这种独特的行为归因于天然纤维素和再生纤维素在氢键模式上的差异（Kamide et al.，1992；Kennedy et al.，1993）。

可及性在半纤维素和木质素的某些反应中也起重要的作用，尽管它们都是无定形物质（Timell，1964）。Sepall 和 Mason（1960）发现在氘交换反应中，桦木木聚糖的可及度只有 52%，相反木材纤维素和直链淀粉却具有较高值，分别为 58%和 99%。这一现象表明，无定形木聚糖可及度较低的原因部分归结于木聚糖中乙酰基与相邻羟基之间形成氢键（Lang and Mason，1960）。半纤维素经过一定降解除去侧链有可能形成结晶（Timell，1964）。Michell（1982）对磨木木质素及相应的木质素模型化合物的红外谱图分析得出结论，木质素中所有可检测到的羟基都以氢键的形式存在，α-羟基和酚羟基均趋向于形成分内氢键。

木质纤维材料各组分的原位反应活性由于细胞壁物质在性质和数量上的高度不均一性而变得错综复杂，同时，木质素-碳水化合物复合体（LCC）或别的键接的存在对木质素的降解和溶解也起了非常重要的作用（Fengel and Wegener，1984）。除了以上化学因素外，细胞壁物质的孔隙结构可能影响药剂的渗透扩散，反应环境影响官能团的反应活性（Krassing，1993）。因此木质纤维材料的可及性对其原位反应具有非常显著的影响。

1.4.6 木质纤维材料的热可塑性

Shiraishi（2000）总结前人的研究结果指出，木材的热塑性取决于纤维素，而纤维素的热塑性又决定于其结晶度，木质素和半纤维的热行为受到它们与纤维素分子间次价键结合的约束。纤维素分子键间由氢键形成结构规整坚固的结晶结构，要使纤维素熔融，必须使结晶结构熔融。而纤维素晶体的熔点高于其降解温度，在这种结晶结构熔融之前纤维素已开始热分解。例如，木炭横断面上留有年轮痕迹，这就表明在炭化温度下木材也未产生流动（Nishimiya et al.，1998）。因此可以得出这样的结论，纤维素是热塑性很低的高分子化合物。

此外，木质素被认为是一种立体的海绵状聚合体存在于细胞壁中，纤维素以原纤束的形式交织贯穿在木质素的聚集结构中，同时半纤维素填充在纤维素和木质素之间，木质素与碳水化合物之间形成强烈的化学键。因此，在木材细胞壁中木材的三种主要成分——纤维素、半纤维素和木质素形成了坚固的互相交叉贯穿的高分子网状结构（interpenetrating polymer network，IPN）（Shiraishi，2000），若不能使这一结构拆开，也就不能将木材变成像塑料一样的可熔融的材料。

1.5 WPC 概述及其发展瓶颈

WPC 是一类以木质纤维材料和废旧热塑性塑料为主要原料，采用类似于热塑性塑料的生产方式或人造板模压方式生产的新型复合材料（李坚，2008），在生产和使用过程中不存在人造板的 VOC 污染问题，WPC 及其制品废弃后可方便地回收循环利用，兼具木材和塑料的双重优点，是典型的生态环境材料（Klyosov, 2007），完全符合发展低碳经济、建设节约型社会的要求，已初步形成较完整的理论技术体系（王清文和王伟宏，2007）。WCP 产业目前处于高速发展的前期（Bengtsson and Oksman, 2006），WPC 产品在建筑、家具、装饰、市政设施、包装运输、汽车内衬等领域显示出独特的优势，世界 WPC 市场在 2003～2010 年以两位数高速增长（Kiguchi, 2007）。

然而，虽然世界范围内 WPC 产量的增长速度远远高于木材人造板，但目前全世界 WPC 的年总产量只有 280 万吨左右（中国约为年 100 万吨，年增长率约为 40%），占木材工业产品总产量的比例还很小。产生这种现象的最主要原因是，WPC 的主要原料之一的塑料价格高（是木质纤维材料的 10 倍左右）、用量大（占 WPC 产品质量的 35%～50%）（秦特夫，2008），导致 WPC 制品价格昂贵（在北美洲的售价是实木防腐材的 3 倍左右，中国内销和出口 WPC 产品的价格在 7000～13 000 元/吨，单位体积 WPC 的成本是中密度纤维板的 4 倍以上）。因此，一直以来国际 WPC 产业界和学术界都将如何降低塑料用量而提高木质纤维组分的比例作为技术攻关的焦点，也是国际学术技术研讨会交流的热点话题。

提高木质纤维的用量是降低 WPC 生产成本的重要途径，但是受到现有 WPC 基础理论和技术能力的制约。目前的 WPC 理论基本上沿用了固体填料（或增强材料）填充热塑性聚合物（塑料）基质的聚合物复合材料理论，即热塑性聚合物构成连续相（基质），木质纤维（或粉末）作为刚性粒子（填充相）填充于其中。当木质纤维的添加量很高（如质量分数达 60%以上）时，塑料所占的体积分数很小，易造成熔体破裂，使挤出成型等加工过程严重不稳定，甚至难以实现；同时，由于填充相粒子之间的相互作用急剧增大，该木质纤维-聚合物复合体系的流变性质已经显著偏离传统的聚合物复合材料流变学规律。可见，传统的聚合物复合材料理论不能为高填充 WPC 提供有效的科学支撑。尽管不时有企业和研究机构声称可将 WPC 中木质纤维的含量提高到 70%甚至更高（Ito et al., 2008），但都是以大幅度降低挤出速率和产品性能为代价的，基本没有产业化价值。究其原因，由于木质纤维不具备必要的热流动性或热塑性，当木质纤维含量太高时熔体的流变性质不能适应挤出、注射等成型加工方式的要求，更谈不上形成良好的复合材料界面，必然造成生产效率低、产品质量差。

1.6 WPC 的流变学研究进展

流变学是聚合物成型加工的基础（周持兴和俞炜，2004），聚合物中加入木质纤维能显著改变体系的流变学特性。影响 WPC 流变性能的主要因素有：木质纤维的表面极性、粒径和粒径分布、含量、形状因素（长径比或长宽比）、刚性或塑性、聚合物的分子量和分子量分布以及聚合物-颗粒界面相互作用。此外，添加剂和加工助剂对木质纤维的分散和复混工艺（加工参数和设备）对流变行为都有较大影响。

通过对 WPC 熔体流变行为的研究，可以得到与复合体系内部结构直接相关的黏弹性信息，直接或间接反映体系的配方组成、微观结构，分析在流场中复合材料内部结构的演化、材料在加工过程中的性质以及制品的表面质量和力学性能，这对于研究材料的内部结构、模具和螺杆设计、指导实际加工过程具有十分重要的价值。

目前对 WPC 流变学的研究主要集中在两个方面：①结构流变学是通过旋转流变仪的小振幅振荡流场，去研究 WPC 熔体的黏弹性与内部结构之间的关系；②加工流变学是通过毛细管流变仪的简单剪切流场去模拟真实的挤出加工过程，以及通过转矩流变仪研究木质纤维的分散和熔体的塑化情况。

1.6.1 WPC 的结构流变学

在线性区内采用旋转流变仪通过振荡流场研究填充聚合物体系的界面性质和微观结构的方法已得到广泛的应用。小振幅振荡流场可以同时提供体系的黏性和弹性方面的数据，这与分散相的形貌特征及界面性质密切相关（Mohanty and Nayak，2007a），目前对于纯聚合物及低填充固体粒子聚合物体系的流变学性质和材料内部结构之间的关系研究比较深入，具有相对成熟的理论体系，但对于 WPC 这种高木质纤维填充的聚合物体系的流变学性质的研究主要是基于对材料宏观动态黏弹性的测试和采用低填充的共混体系的理论进行推测，缺乏系统的规律性认识（Ghasemi et al.，2008；Marcovich et al.，2004；Santi et al.，2009；Zhang et al.，2009）。

WPC 熔体的储能模量和复数黏度随着木质纤维含量增加而增大，这是由于刚性木质纤维的存在阻碍了聚合物分子链的运动，且木质纤维之间的相互作用逐渐增强（Azizi and Ghasemi，2009；Huang and Zhang，2009；Marcovich et al.，2004；Soury et al.，2012）。随着木质纤维含量的提高，WPC 熔体的非线性区域向低应变方向移动，线性区域变窄，说明体系的初始结构在较低的应变下被破坏（Li and Wolcott，2006b；高华，2011）。提高木质纤维的表面极性，加剧了纤维的团聚，WPC 体系表现出较高的储能模量和复数黏度（Ou et al.，2014a）；采用戊二醛对木粉进行改性处理以降低其表面极性，大幅降低了熔体的模量和黏度（Ou et al.，2014b）。Gao 等（2012）的研究结果表明，马来酸酐接枝改性聚丙烯/高密度聚乙烯（PP/HDPE，质量比为 80/20）共混物可以显著降低高木粉填充量（70wt%[*]）的 WPC 熔体的储能模量。Ou 等（2014c）报道马来酸酐接枝聚乙烯（MAPE）能够显著降低含 40wt%木材纤维的 HDPE 基 WPC 的储能模量。Marcovich 等（2004）研究表明，当木粉含量为 50wt%的体系中添加少量 MAPP 后，模量显著降低，但对于木粉含量为 40wt%的体系来说，马来酸酐接技聚丙烯（MAPP）的存在对其模量没有明显影响。王鹏（2011）也报道了相似的结果，他发现对于木粉含量为 30wt%的体系添加 MAPP 后，其模量也没有明显变化（图 1-12）。这说明 MAPP 对 WPC 体系界面相容性的改善作用（力学性能提高），无法通过传统的频率扫描模式进行表征，线性区域内的频率扫描无法充分获得 WPC 的界面以及木粉网络结构变化的信息（王鹏，2011）。这是由于受到观察时间的限制，完整的界面及木粉网络结构的松弛行为及 MAPP 的增容作用无法体现。

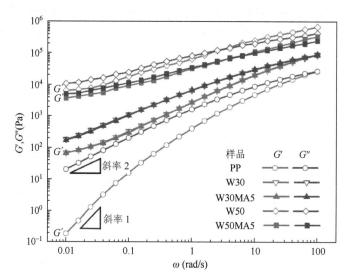

图 1-12　190℃下 PP 及 WPC 样品的频率扫描结果（Wang et al.，2011）。W 后面的数字代表木粉百分含量，MA 后面的数字代表 MAPP 的含量

针对线性区域内频率扫描的局限性，Wang 等（2011）首次通过傅里叶变换流变学（Fourier transforms rheology，FTR）研究了 WPC 大振幅振荡流场中的非线性行为，通过将体系输出的非线性信号从时间域转换至频域，利用描述三次谐波性质的非线性参数（非线性强度 I_{31} 和相对角位移 ϕ_{31}），在较短的观察时间内探测到了 WPC 体系中长松弛时间结构的特征，结果发现体系中木粉含量越高，WPC 界面和木粉网络结构的特征松弛时间越长，体系微观松弛就越困难，在大振幅流

---

[*] wt%表示质量分数。

场中结构稳定性越差；随着体系界面相容性的逐渐改善，界面和木粉网络结构的特征松弛时间变短。利用非线性参数可以在较短的观察时间内准确地区分木粉粒子分散性、木粉含量及界面性质对材料结构的影响。

1.6.2　WPC 的加工流变学

1.6.2.1　WPC 的高速挤出过程模拟

WPC 的高速挤出过程一般采用毛细管流变仪进行模拟。毛细管流变仪既可以测定聚合物熔体在毛细管中的剪切应力与剪切速率的关系，又可以根据挤出物的外观以及在恒定应力下通过改变毛细管的长径比来研究熔体的弹性和不稳定流动（鲨鱼皮畸变、第二光滑区、熔体破裂）现象，从而预测聚合物的加工行为，作为优化复合体系配方、修改模具、寻求最佳成型工艺条件和控制产品质量的依据（周持兴，2003）。

相对于聚丙烯（PP），高密度聚乙烯（HDPE）基 WPC 的加工技术更加成熟，成型更加容易，因而目前文献主要报道了以 HDPE 为基体的 WPC 在毛细管流变仪中高速挤出过程中的加工性质（Carrino et al.，2011；Hristov et al.，2006；Hristov and Vlachopoulos，2007a，2007b，2008；Li and Wolcott，2004，2005，2006a，2006b；Mohanty and Nayak，2006，2007a）。以 HDPE 为基体的 WPC 与纯 HDPE 一样，在高速挤出过程中具有典型的壁面滑移现象（Carrino et al.，2011；Hristov et al.，2006；Hristov and Vlachopoulos，2007b；Li and Wolcott，2004，2005；Ou et al.，2014a，2014b，2014d）。在测试剪切速率范围内，WPC 熔体表现出三个流动区域（Carrino et al.，2011；Hristov and Vlachopoulos，2008；Ou et al.，2014a，2014b，2014d）：低剪切速率下，熔体压力稳定，挤出物表面被拉裂，出现鲨鱼皮畸变；随着剪切速率增大，当剪切应力大于某一临界值，熔体流动进入黏滑区，熔体压力发生持续的周期性振荡，挤出物表面粗糙和光滑区交替出现；当剪切速率继续增大，剪切应力大于另一临界值，熔体流动进入第二光滑区，熔体压力又变得稳定，物料表面变得光滑。这意味着在第二光滑区内在较高的挤出速率下反而能得到表面光滑的 WPC 制品，这无疑对提高生产效率和制品表面质量有重要的指导意义。

Hristov 等（2006）研究了以 HDPE 为基体的 WPC，发现在低剪切速率下，当枫木木粉含量为 50% 时，挤出物表面的鲨鱼皮效应最显著，继续增加木粉含量，挤出物表面变得光滑；在高剪切速率下，木粉含量越高，挤出物表面越光滑，如图 1-13 所示，Carrino 等（2011）也得出了相似的研究结果。增加模具的长径比使获得光滑挤出物的临界剪切速率下降，并且挤出物表面的撕裂随着剪切速率的增加而减小（图 1-14）；在保证长径比不变的情况下，单独增加口模的直径会导致

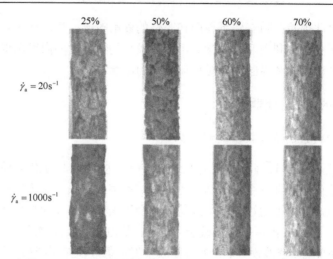

图 1-13　木粉/HDPE 复合材料的挤出物表面形态与木粉含量和剪切速率的关系（Hristov et al., 2006），$D=2$mm

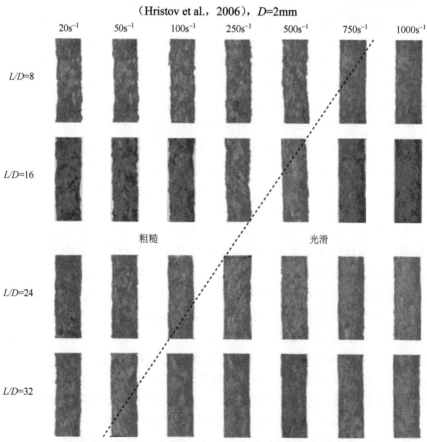

图 1-14　50%木粉/茂金属 HDPE 复合材料的挤出物表面形态与口模 L/D 和剪切速率的关系（Hristov et al., 2007b），$D=1$mm

挤出物表面更加粗糙（Carrino et al., 2011; Hristov et al., 2006; Hristov and Vlachopoulos, 2007b）。在相同的挤出速率下，低分子量的 HDPE 基 WPC 在挤出加工过程中，表面撕裂现象要少于高分子量的 HDPE 基 WPC（Hristov and Vlachopoulos, 2008），这是因为平均分子量大的聚合物基 WPC 熔体需要更长的变形松弛时间，进而容易发生熔体破裂，由于壁滑层是由表观黏度较低的低分子量聚合物构成，壁面滑移速率相对较低，因而低分子量 HDPE 基 WPC 表面质量相对较好。Li 等（2004）报道不同树种（松木和枫木）对 WPC 熔体的剪切黏度和壁面滑移速率影响显著，他们认为可能的原因是由于松木中的抽提物（2wt%～3wt%）迁移到熔体表面从而提高了熔体黏度增加了滑移层的厚度。木粉颗粒越大，使得挤出物表面越光滑（Hristov and Vlachopoulos, 2008），但是木粉粒径对 WPC 的剪切黏度和拉伸黏度影响很小（Li and Wolcott, 2005）。木质纤维的表面极性对 WPC 的加工性能影响显著，极性越大，纤维之间的相互作用越强，越容易发生团聚，纤维与聚合物基体的表面张力越大，从而降低了 WPC 的加工性能（Ou et al., 2014a, 2014b）。提高挤出温度，木粉的变形能力增大，木粉的最大填充比例增大，从 160℃的 0.52 提高到 180℃的 0.675（Carrino et al., 2011）。以上研究结果为指导 WPC 挤出工艺的调整和模具的设计提供了重要的依据。

王鹏（2011）研究了 PP 基 WPC 熔体在高速挤出过程中挤出物微观和宏观形貌的变化规律。如图 1-15 所示，纯 PP 在 0.11～11.28m/min 的速率内都可以稳定地挤出，壁面滑移速率为零，而 WPC 即便在 30%木粉的情况下，就表现出明显的鲨鱼皮畸变、壁面滑移及二次挤出畸变等不稳定流动行为；随着木粉含量的增加，WPC 从鲨鱼皮畸变转变为光滑的临界挤出速率逐渐提高，高木粉含量的物料需要在更高的挤出速率和压力下才能进入第二光滑区；随着挤出速率的提高，高木粉含量的物料普遍提前出现二次挤出畸变；与相同木粉含量的 WPC 相比，加入低分子量 MAPP 相溶剂使体系在较低的挤出速率下就可进入第二光滑区，且在高挤出速率下物料表面无扭曲现象，这意味着相容性改善的 WPC 熔体可以在更高的挤出速率下加工，同时提高挤出物的表面质量和生产效率；加入 MAPP 降低了壁面滑移速率，说明木粉颗粒之间的相互作用减弱，在一定程度上减少了应力集中效应。王鹏还发现，在挤出速率不变的情况下，使用短口模可以减少熔体在模具中的停留时间，减少物料的形变和弹性储能，更有利于在高速下挤出（王鹏，2011）。与 HDPE 基 WPC 相比，PP 基 WPC 在高速挤出过程中未发生压力振动，挤出物表面未出现粗糙和光滑区交替现象，壁面滑移速率大幅降低。随着木粉含量的增加，在相同剪切应力下 PP 基 WPC 物料的壁面滑移速率有所降低（图 1-16）。

偶联剂对 WPC 的加工性能的影响复杂，现有的研究结果争议较大。对于 PP 基 WPC，Mohanty 等（Mohanty and Nayak, 2007; Mohanty et al., 2006）研究发现 MAPP 提高了熔体的表观剪切黏度，他们将此归因于纤维与 PP 之间的界面结

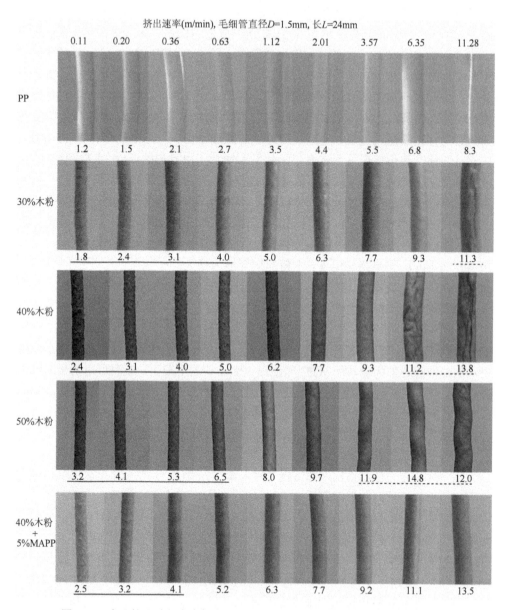

图 1-15 高速挤出过程中木粉含量、MAPP 及挤出速率对材料制品表观宏观形貌的影响（王鹏，2011）

每个挤出物样品下面的数字对应毛细管口模的压力（MPa），下划实线表示第一次鲨鱼皮畸变，下划虚线表示第二次熔体破裂

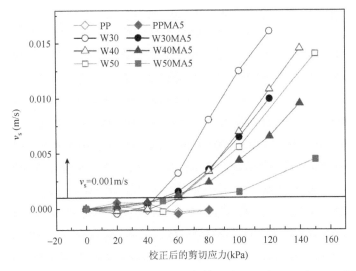

图 1-16 剪切应力对 PP 及 WPC 体系表观滑移速率的影响（王鹏，2011）。W 后面的数字代表木粉百分含量，MA 后面的数字代表 MAPP 的含量

合增强，从而抑制了 PP 大分子链的运动。Le Moigne 等（2013）发现 MAPP 显著降低了 WPC 熔体的剪切黏度；Maiti 等（2004）报道了钛酸酯偶联剂的添加导致木纤维/PP 复合材料的剪切黏度降低，他们认为钛酸酯偶联剂的添加使木粉表面更加光滑，起到了润滑或者增塑作用。而 Schemenauer 等（2000）报道了 MAPP 对 30%黄麻纤维/PP 的熔体黏度几乎没有影响。

对于 HDPE 基 WPC，Hristov 和 Vlachopoulos（2007a）报道了将低黏度的 MAPE 添加到高分子量 HDPE 基体和高黏度的 MAPE 添加到低分子量 HDPE 基体中均获得了高的剪切应力和剪切黏度，他们认为这分别与低分子量 MAPE 易于流动，更容易接近木材表面，而高分子量 MAPE 与低分子量 HDPE 基体的有效缠结作用有关。Mohanty 和 Nayak（2007b）报道 MAPE 提高了剑麻纤维和 HDPE 之间的界面结合，从而导致熔体剪切黏度增加。Charlton（2001）发现偶联剂的添加降低了 WPC 的黏度，并将这一结果归因于偶联剂改善了木粉在基体中的分散。Li 和 Wolcott（2005，2006a）报道低分子量的 MAPE 在 WPC 熔体中充当着内部润滑剂的作用，从而改善了 WPC 的加工性能。

为了减少物料与加工设备之间的摩擦，改善 WPC 熔体的流动性，提高制品的表面质量和生产效率，尤其对于高木质纤维含量的 WPC 体系，添加润滑剂是最有效的方法。Li 和 Wolcott（2006a）比较了复合酯类润滑剂（OP-100，Honeywell）、MAPE、乙撑双硬脂酸酰胺（EBS）、硬脂酸锌（ZnSt）及它们之间的复配物对枫木/HDPE 复合材料的润滑效果，发现内部润滑效果 MAPE≈ZnSt-EBS/MAPE＞OP/MAPE＞ZnSt-EBS，而在 100kPa 的剪切应力作用下基于壁面滑移速率的外部润滑效果则是

OP≫OP/MAPE＞ZnSt-EBS/MAPE＞MAPE＞ZnSt-EBS＞HDPE/枫木。Adhikary 等（2011）的研究表明，Struktol TPW 709 型润滑剂能够降低 HDPE 基 WPC 熔体的扭矩、压力和表观剪切黏度，且用量越大效果越明显。在 WPC 的实际加工过程中，推荐将酯类润滑剂与马来酸酐接枝聚烯烃并用，这样在提高加工性能的同时，又能保持 WPC 的力学性能（Bettini et al.，2013；Li et al.，2004；Li and Wolcott，2006a），但要避免硬脂酸金属盐与马来酸酐接枝聚烯烃同时使用，因为前者易与后者形成络合物而削弱马来酸酐的交联作用，交联剂和润滑剂的效果都会因此而下降（Botros，2003；Li and Wolcott，2006a）。上述研究结果对于指导 WPC 配方的调控具有重要的意义。

加工温度对 WPC 的加工性能影响显著，熔体黏度随着温度的升高而降低，这是由于提高温度可以降低 WPC 熔体的松弛时间、增加自由体积、减弱聚合物大分子间或木质纤维-聚合物之间的相互作用（George et al.，1996；Joseph et al.，2002；Kalaprasad et al.，2003；Kalaprasad and Thomas，2003；Kumar et al.，2000；Salmah et al.，2013）。González-Sánchez 等（2011）研究发现 WPC 物料经 5 次注射-粉碎循环后的剪切黏度显著降低，牛皮纸浆纤维在 HDPE 和 PP 中的分散性相似，纤维在 HDPE 基体中的降解更加严重，由于 PP 链发生严重的 β-断裂降解，PP 基 WPC 的假塑性损失更加显著。

1.6.2.2 WPC 的转矩流变性研究

转矩流变仪是一种多功能、积木式流变测量仪，通过记录物料在混合过程中对转子或螺杆产生的反扭矩以及温度随时间的变化，可研究物料在加工过程中的分散性能、流动行为以及结构变化（交联、热稳定性等），同时也可以作为生产质量控制的有效手段。由于转矩流变仪可以模拟混炼、挤出等工艺过程，特别适宜于生产配方和工艺条件的优选（杜启玫和周持兴，2004）。

德国哈克公司的 Minilab 微量混合流变仪具有与密炼机、挤出机等生产设备类似的结构，且物料用量少，因此特别适合在实验室中模拟实际生产过程，以进行产品生产配方和生产工艺条件优化（Chabrat et al.，2010；王亚等，2010）。但是由于 Minilab 的最大转矩偏低，不适用于高填充聚合物熔体的测试。

方晓钟等（2006）采用转矩流变仪研究了两种润滑体系对木粉含量为 60wt%的 HDPE 基 WPC 的加工性能，发现聚乙烯蜡与硬脂酸锌混合使用时平衡转矩最低，流动性最好，但是塑化时间最长；添加美国 Honeywell 公司的 OptiPak100 配方塑化时间最短，平衡转矩适中。李泽文等（2011）采用转矩流变仪系统地研究了木粉含量（0~60wt%）、润滑剂和 MAPE 对 WPC 熔体平衡转矩和剪切发热的影响。Migneault 等（2008）报道了纤维长度对 WPC 平衡转矩的影响，纤维越长，平衡转矩越高。Ou 等（2014d）通过转矩流变仪和 Minilab 研究发现，木材纤维粒径对 WPC 熔体的平衡转矩影响很小，而纤维长径比影响显著，长径比越大，平衡转矩越高。由于长木质纤维容易堵塞毛细管口模而无法进行测试，Feng 等（Feng et al.，2011，2013；Zhang et al.，2011；李展洪等，2010）通过转矩流变仪采用数学模型将转速与转矩转化为剪切速率和剪切应力，对不同体系的长木质纤维填充聚合物的流变行为进行了研究。

1.7 木质纤维动态塑化与塑性加工理念

1.7.1 木质纤维动态塑化与塑性加工理念的提出

木质纤维材料是一类黏弹性材料，在适当条件下表现出相对较高的塑性。从大幅度提高木质纤维材料利用效率出发，王清文于 2007 年首次提出了生物质材料塑性加工的学术理念和技术思路（王清文，2007）：在基本保持木质纤维材料优良性能的前提下，以相对较低的成本和较高的加工效率，通过综合运用机械、物理、化学、生物等方法，赋予生物质材料以更高的塑性，使其在塑性较突出的条件下，以类似于塑料加工的方式进行成型加工，制备高性能产品，获得近乎定量（接近 100%）的原料利用率，实现生物质材料资源的高效利用。

现已实现工业化的木塑复合材料在一定程度上反映了木质纤维材料的塑性加工，但是由于木质纤维的刚性特征，在高温挤出过程中不具备必要的热流动性或热塑性变形能力，导致高木质纤维填充量下 WPC 的生产效率低，产品质量差。因此，欲改善高木质纤维含量 WPC 的加工性能，必须从改善木质纤维的热塑性入手。

在生物质材料塑性加工理念的基础上，国家自然科学基金重大国际合作研究项目进一步提出了木质纤维的"动态塑化"概念：即采用塑化剂处理木质纤维，再与热塑性塑料熔融共混，木质纤维在塑化剂与高温、机械力的共同作用下热塑性显著增强，木塑复合熔体的流变性能大大改善而使挤出成型等加工过程顺利实现；而当冷却至常温定型时，塑化剂对木质纤维的塑化作用（包括溶剂化、润滑、置换氢键以及消晶等）大幅度降低，木质纤维自身的分子运动也因温度的降低而趋缓，从而使木质纤维重新获得其固有的物理力学性能。在上述过程中，木质纤维的基本分子结构并未发生变化，但是结晶、氢键体系、聚集态结构、分子运动状态等经历了变化。动态塑化条件下木质纤维粒子具有变形能力，能够以高效率进行塑性加工，获得高性能的复合材料产品。

实现严格意义上的木质纤维材料塑性加工，可能是一个长期和渐进的过程。作为实现该过程的重要步骤，笔者以木质纤维材料的动态塑化研究为切入点，以制备极高木质纤维含量的木塑复合材料为途径，进行木质纤维塑性加工的基础理论研究和关键技术的原始创新，为木材加工利用方式的变革与资源高效利用探索一条新途径。

1.7.2 主要研究内容

（1）制备含有不同细胞壁组分的四种木材纤维：杨木边材纤维、去半纤维素纤维、去木质素纤维和 α-纤维素纤维，采用离子液体对四种木材纤维进行塑化处理，通过 DMA 采用粉末样品夹（MP-DMA）对离子液体塑化木材纤维的动态黏弹性直接进行测试，将 MP-DMA 结果与通过 DSC 和传统 DMA 所得的测试结果进行比较，分析 MP-DMA 测试纤维样品动态黏弹性的可行性。根据实验结果分析离子液体与细胞壁组分（结晶纤维素、非晶纤维素、半纤维素和木质素）的相互作用，揭示离子液体对木材纤维的塑化机理。

（2）采用四种离子液体对杨木边材进行塑化处理，通过旋转流变仪对处理样品进行升温压缩测试，测试样品在恒定压力下，应变随温度升高的变化，并测试压缩定型后样品在潮湿环境中的应变恢复；通过 DSC 和 TGA 分析样品再压缩测试过程中的相转变和热降解；通过 SEM 观察样品经塑化处理和压缩测试后细胞壁的微观形貌；通过 XRD 分析样品在压缩前后结晶度的变化。综合上述结果揭示离子液体对木材纤维的动态塑化机理。

（3）通过提取细胞壁组分来改变木材纤维的热塑性，采用 MP-DMA 来表征纤维热塑性的变化；将纤维与 HDPE 熔融共混，通过四种不同的流变仪（微量混合流变仪、转矩流变仪、旋转流变仪和毛细管流变仪）研究纤维的动态塑化对 WPC 加工性能的影响。

（4）采用离子液体对杨木木粉进行塑化处理，通过四种不同的流变仪来考察塑化木粉在挤出加工过程中的动态塑化对 WPC 加工性能的影响。

（5）鉴于木材纤维的表面极性对 WPC 的加工性能影响显著，采用戊二醛（GA）和 1，3-二羟甲基-4，5-二羟基亚乙基脲（DMDHEU）对木材纤维进行化学改性，以不同程度地降低木材纤维的表面极性，进而考察改性木材纤维对 WPC 加工性能的影响。

1.7.3 创新点

1.7.3.1 学术思想创新

首次明确提出，在基本不改变木质纤维材料大分子结构和优良性能的前提下，通过动态塑化并结合木塑复合材料挤出技术来实现木质纤维材料的塑性加工，进而实现木质纤维材料高效利用的学术理念。

1.7.3.2 研究方法和内容的主要创新点

（1）首次通过 DMA 采用粉末样品夹对离子液体塑化木材纤维的动态黏弹性直接进行测试，第一次从热动力学方面揭示了离子液体塑化细胞壁的机理，为离子液体与木材细胞壁分子之间的相互作用提供了有价值的新观点。

（2）首次通过旋转流变仪对离子液体塑化木材进行升温压缩测试，精确地测定了样品在外力作用下，应变随温度升高的变化。塑化细胞壁中纤维素在升温压缩和冷却定型过程中，发生了消晶化和重结晶。创建了离子液体与高温共同作用下实现木质纤维动态塑化的技术方法，并揭示木质纤维动态塑化的机理。

（3）通过提取细胞壁组分来改变木材纤维的热塑性，去木质素纤维由于其高度多孔的柔性结构，在高温挤出过程中具有显著的热塑性变形能力，WPC熔体的流变性能得到大大改善而使挤出成型等加工过程顺利实现；而当冷却至常温，纤维的形变被聚合物基体固定，从而使木质纤维重新获得其固有的物理力学性能，实现了基于动态塑化的木质纤维材料的塑性加工。

（4）离子液体塑化木材纤维在高温挤出过程中能够发生动态塑化，但是由于纤维表面极性显著提高，造成纤维容易发生团聚，在HDPE基体中的分散性变差，在低剪切速率下，离子液体处理纤维的动态塑化并未改善WPC的加工性能。

（5）通过实验证实了木材纤维的表面极性是影响非极性聚合物基WPC的加工性能的主导因素，表面极性越低，木材纤维在基体中的分散性越好，熔体黏度越低，加工性能越好。

参 考 文 献

杜启珑，周持兴. 2004. 哈克转矩流变仪在聚合物加工中的应用. 实验室研究与探索，23（7）：46-47.

方晓钟，黄旭东，钟世云. 2006. 润滑剂对PE木塑复合材料力学性能和加工性能的影响. 上海塑料，6（2）：18-22.

高华. 2011. 木粉/马来酸酐接枝聚烯烃共混物复合材料. 哈尔滨：东北林业大学博士学位论文：71.

何曼君，陈维孝，董西侠. 2006. 高分子物理. 修订版. 上海：复旦大学出版社.

蒋佳荔，吕建雄. 2006. 木材动态黏弹性的含水率依存性. 北京林业大学学报，28（2）：118-123.

蒋佳荔，吕建雄. 2008. 干燥处理材的动态黏弹性. 北京林业大学学报，30（3）：96-100.

蒋佳荔，吕建雄，赵广杰. 2006. 化学处理木材的动态黏弹性研究. 北京林业大学学报，28（1）：88-92.

李坚. 2008. 生物质复合材料学. 北京：科学出版社.

李泽文，王海刚，王清文. 2011. 木塑复合材料润滑剂性能的转矩流变性评价. 黑龙江大学工程学报，2（1）：36-40.

李展洪，冯彦洪，刘斌，等. 2010. 植物纤维/聚合物复合材料流变参数的转矩流变表征方法. 高分子材料科学与工程，26（9）：171-174.

刘一星. 2005. 木质废弃物再生循环利用技术. 北京：化学工业出版社.

刘一星，赵广杰. 2004. 木质资源材料学. 北京：中国林业出版社.

秦特夫. 2008. 当前木塑复合材料发展中的问题与任务. 中国木材保护，4：7-8.

任强，武进，张军，等. 2003. 1-烯丙基-3-甲基咪唑室温离子液体的合成及其对纤维素溶解性能的初步研究. 高分子学报，3（448）：448-451.

王洁瑛，赵广杰. 2002. 空气介质中热处理杉木压缩木材的蠕变. 北京林业大学学报，24（2）：52-58.

王鹏. 2011. 高填充木塑复合材料流变行为与结晶性质研究. 上海：上海交通大学博士学位论文：44-45，95-100.

王清文. 2007. 生物质材料塑性加工设想. 第一届全国生物质材料科学与技术学术研讨会论文集. 北京：440-442.

王清文，王伟宏. 2007. 木塑复合材与制品. 北京：化学工业出版社.

王亚，吴炳田，虞晨阳，等. 2010. 高聚物熔体平衡转矩-转速关系曲线影响因素的探讨. 塑料，39（4）：102-104.

余权英，蔡宏斌. 1998. 苄基化木材的制备及其热塑性研究. 林产化学与工业，18（1）：23-29.

余权英，李国亮. 1994. 氰乙基化木材的制备及其热塑性研究. 纤维素科学与技术，2（1）：47-54.

周持兴. 2003. 聚合物流变实验与应用. 上海：上海交通大学出版社.

周持兴，俞炜. 2004. 聚合物加工理论. 北京：科学出版社.

Adhikary K B, Park C B, Islam M, et al. 2011. Effects of lubricant content on extrusion processing and mechanical properties of wood flour-high-density polyethylene composites. Journal of Thermoplastic Composite Materials, 24 (2): 155-171.

Åkerholm M. 2003. Ultrastructural aspects of pulp fibers as studied by dynamic FT-IR spectroscopy. PhD Dissertation, Royal Institute of Technology, 25.

Åkerholm M., Salmén L. 2001. Interactions between wood polymers studied by dynamic FT-IR spectroscopy. Polymer, 42 (3): 963-969.

Åkerholm M, Salmén L. 2003. The oriented structure of lignin and its viscoelastic properties studied by static and dynamic FT-IR spectroscopy. Holzforschung, 57 (5): 459-465.

Anderson J L, Ding J, Welton T, et al. 2002. Characterizing ionic liquids on the basis of multiple solvation interactions. Journal of the American Chemical Society, 124 (47): 14247-14254.

Aoki T, Yamada T. 1977a. Chemorheology of wood. I. Stress relaxation of wood during acid hydrolysis. Mokuzai Gakkaishi, 23 (2): 107-113.

Aoki T, Yamada T. 1977b. Creep of wood during decrystallization and of decrystallized wood. Mokuzai Gakkaishi, 23 (1): 10-16.

Araki J, Ito K. 2006. New solvent for polyrotaxane. I. Dimethylacetamide/lithium chloride (DMAc/LiCl) system for modification of polyrotaxane. Journal of Polymer Science Part A: Polymer Chemistry: 44 (1), 532-538.

Atalla R H, Agarwal U P. 1985. Raman microprobe evidence for lignin orientation in the cell walls of native woody tissue. Science, 227 (4687): 636-638.

Awano T, Takabe K, Fujita M. 2002. Xylan deposition on secondary wall of Fagus crenata fiber. Protoplasma, 219(1-2): 106-115.

Azizi H, Ghasemi I. 2009. Investigation on the dynamic melt rheological properties of polypropylene/wood flour composites. Polymer Composites, 30 (4): 429-435.

Bacic A, Harris P J, Stone B A. 1988. Structure and function of plant cell walls. In J. Preiss. The Biochemistry of Plants.New York: Academic Press, Inc., 297-371.

Back E. 1982. Glass transitions of wood components hold implications for molding and pulping processes. Tappi Journal, 65: 107-110.

Bardage S, Donaldson L, Tokoh C, et al. 2004. Ultrastructure of the cell wall of unbeaten Norway spruce pulp fibre surfaces. Nordic Pulp and Paper Research Journal, 19: 448-482.

Basch A, Lewin M. 1973. The influence of fine structure on the pyrolysis of cellulose. I. Vacuum pyrolysis. Journal of Polymer Science: Polymer Chemistry Edition, 11 (12): 3071-3093.

Bengtsson M, Oksman K. 2006. Silane crosslinked wood plastic composites: Processing and properties. Composites Science and Technology, 66 (13): 2177-2186.

Bettini S H P, de Miranda Josefovich M P P, Muñoz P A R, et al. 2013. Effect of lubricant on mechanical and rheological properties of compatibilized PP/sawdust composites. Carbohydrate Polymers, 94 (2): 800-806.

Blackwell J, Kolpak F J, Gardner K H. 1978. The structures of celluloses I and II. Tappi, 61 (1): 71-72.

Boerjan W, Ralph J, Baucher M. 2003. Lignin biosynthesis. Annual Review of Plant Biology, 54 (1): 519-546.

Botros M. 2003. Development of new generation coupling agents for wood-plastic composites. Paper presented at: Intertech Conference: The Global Outlook for Natural and Wood Fiber Composites, New Orleans, LA.

Bouajila J, Limare A, Joly C, et al. 2005. Lignin plasticization to improve binderless fiberboard mechanical properties. Polymer Engineering and Science, 45 (6): 809-816.

Boyd J D. 1982. An anatomical explanation for visco-elastic and mechano-sorptive creep in wood, and effects of loading rate on strength. In Baas P. New perspectives in wood anatomy. Martinus Nijhoff/Dr W Junk Publishing, 171-222.

Bridgewater A V. 2004. Biomass fast pyrolysis. Thermal Science, 8 (2): 21-50.

Brown R M. 2004. Cellulose structure and biosynthesis: what is in store for the 21st century? Journal of Polymer Science Part A: Polymer Chemistry, 42 (3): 487-495.

Carpita N, McCann M. 2000. The cell wall. In Buchanan B, Gruissem W, Jones R. Biochemistry and Molecular Biology of Plants Buchanan. Rockville: Society of Plant Physiologists, 52-108.

Carrino L, Ciliberto S, Giorleo G, et al. 2011. Effect of filler content and temperature on steady-state shear flow of wood/high density polyethylene composites. Polymer Composites, 32 (5): 796-809.

Chabrat E, Rouilly A, Evon P, et al. 2010. Relevance of a labscale conical twin screw extruder for thermoplastic starch/PLA blends rheology study. Paper presented at: Proceedings of the Polymer Processing Society 26th annual meeting-PPS-26, Banff.

Charlton J Z. 2001. Profile extrusion of highly filled cellulose-polyethylene composites. PhD Dissertation, McMaster University.

Chowdhury S, Frazier C E. 2013. Compressive-torsion DMA of yellow-poplar wood in organic media. Holzforschung, 67 (2): 161-168.

Chowdhury S, Madsen L A, Frazier C E. 2012. Probing alignment and phase behavior in intact wood cell walls using ^{2}H NMR spectroscopy. Biomacromolecules, 13 (4): 1043-1050.

Core H A, Côté W A, Day A C. 1979. Wood Structure and Identification. New York: Syracuse University Press.

Ding S Y, Himmel M E. 2006. The maize primary cell wall microfibril: A new model derived from direct visualization. Journal of Agricultural and Food Chemistry, 54 (3): 597-606.

Donaldson L. 1994. Mechanical constraints on lignin deposition during lignification. Wood Science and Technology, 28 (2): 111-118.

Donaldson L. 2007. Cellulose microfibril aggregates and their size variation with cell wall type. Wood Science and Technology, 41 (5): 443-460.

Donaldson L, Frankland A. 2004. Ultrastructure of iodine treated wood. Holzforschung, 58 (3): 219-225.

Donaldson L, Hague J, Snell R. 2001. Lignin distribution in coppice poplar, linseed and wheat straw. Holzforschung, 55 (4): 379-385.

Fahlén J, Salmén L. 2002. On the lamellar structure of the tracheid cell wall. Plant Biology, 4 (3): 339-345.

Faix O, Jakab E, Till F, et al. 1988. Study on low mass thermal degradation products of milled wood lignins by thermogravimetry-mass-spectrometry. Wood Science and Technology, 22 (4): 323-334.

Feng Y H, Li Y J, Xu B P, et al. 2013. Effect of fiber morphology on rheological properties of plant fiber reinforced poly (butylene succinate) composites. Composites Part B: Engineering, 44 (1): 193-199.

Feng Y H, Zhang, D W, Qu J P, et al. 2011. Rheological properties of sisal fiber/poly (butylene succinate) composites. Polymer Testing, 30 (1): 124-130.

Fengel D, Przyklenk M. 1976. Studies on the alkali extract from beech holocellulose. Wood Science and Technology, 10 (4): 311-320.

Fengel D, Wegener G. 1984. Wood: Chemistry, Ultrastructure, Reactions. New York: Walter de Gruyter.

Fischer S, Leipner H, Thümmler K, et al. 2003. Inorganic molten salts as solvents for cellulose. Cellulose, 10 (3): 227-236.

Fischer S, Thümmler K, Pfeiffer K, et al. 2002. Evaluation of molten inorganic salt hydrates as reaction medium for the derivatization of cellulose. Cellulose, 9 (3-4): 293-300.

Fort D A, Remsing R C, Swatloski R P, et al. 2007. Can ionic liquids dissolve wood? Processing and analysis of lignocellulosic materials with 1-n-butyl-3-methylimidazolium chloride. Green Chemistry, 9 (1): 63-69.

Freudenberg K, Neish A C. 1968. Constitution and Biosynthesis of Lignin. Berlin: Springer-Verlag.

Funakoshi H, Shiraishi N, Norimoto M, et al. 1979. Studies on the thermoplasticization of wood. Holzforschung, 33 (5): 159-166.

Furuta Y, Aizawa H, Yano H, et al. 1997. Thermal-softening properties of water-swollen wood, 4: The effects of chemical constituents of the cell wall on the thermal-softening properties of wood. Mokuzai Gakkaishi, 43 (9): 725-730.

Fushitani M. 1965. The stress relaxation of delignin treated wood. Paper presented at: The 15th Conference on Japan Wood Science Research Institute, Japan.

Fushitani M. 1968. Effect of delignifying treatment on static viscoelasticity of wood. II. Temperature dependence of stress relaxation in the water-saturated condition. Mokuzai Gakkaishi, 14 (1): 18-23.

Gao H, Xie Y, Ou R, et al. 2012. Grafting effects of polypropylene/polyethylene blends with maleic anhydride on the properties of the resulting wood-plastic composites. Composites Part A: Applied Science and Manufacturing, 43(1): 150-157.

Garcia R, Triboulot M, Merlin A, et al. 2000. Variation of the viscoelastic properties of wood as a surface finishes substrate. Wood Science and Technology, 34 (2): 99-107.

Gardner K, Blackwell J. 1974. The structure of native cellulose. Biopolymers, 13 (10), 1975-2001.

George J, Janardhan R, Anand J, et al. 1996. Melt rheological behaviour of short pineapple fibre reinforced low density polyethylene composites. Polymer, 37 (24): 5421-5431.

Ghasemi I, Azizi H, Naeimian N. 2008. Rheological behaviour of polypropylene/Kenaf fibre/wood flour hybrid composite. Iranian Polymer Journal, 17 (3): 191-198.

Gierlinger N, Schwanninger M. 2006. Chemical imaging of poplar wood cell walls by confocal Raman microscopy. Plant Physiology, 140 (4): 1246-1254.

González-Sánchez C, Fonseca-Valero C, Ochoa-Mendoza A, et al. 2011. Rheological behavior of original and recycled cellulose-polyolefin composite materials. Composites Part A: Applied Science and Manufacturing, 42 (9): 1075-1083.

Graenacher C. 1934. Cellulose solution: USA, 1943176.

Hafrén J, Fujino T, Itoh T. 1999. Changes in cell wall architecture of differentiating tracheids of *Pinus thunbergii* during lignification. Plant and Cell Physiology, 40 (5): 532-541.

Hafrén J, Fujino T, Itoh T, et al. 2000. Ultrastructural changes in the compound middle lamella of *Pinus thunbergii* during lignification and lignin removal. Holzforschung, 54 (3): 234-240.

Harrak H, Chamberland H, Plante M, et al. 1999. A proline-, threonine-, and glycine-rich protein down-regulated by drought is localized in the cell wall of xylem elements. Plant Physiology, 121 (2): 557-564.

Harton S E, Pingali S V, Nunnery G A, et al. 2012. Evidence for complex molecular architectures for solvent-extracted lignins. ACS Macro Letters, 1 (5): 568-573.

Hassan M L, El-Wakil N A, Sefain M Z. 2001. Thermoplasticization of bagasse by cyanoethylation. Journal of Applied

Polymer Science, 79 (11): 1965-1978.

Hassan M L, Rowell R M, Fadl N A, et al. 2000. Thermoplasticization of bagasse. II. Dimensional stability and mechanical properties of esterified bagasse composite. Journal of Applied Polymer Science, 76 (4): 575-586.

Heinze T, Liebert T. 2001. Unconventional methods in cellulose functionalization. Progress in Polymer Science, 26 (9): 1689-1762.

Hillis W, Rozsa A. 1978. The softening temperatures of wood. Holzforschung, 32 (3): 68-73.

Hinterstoisser B, Åkerholm M, Salmén L. 2001. Effect of fiber orientation in dynamic FTIR study on native cellulose. Carbohydrate Research, 334 (1): 27-37.

Hon D N-S. 1985. Mechano-chemistry of cellulosic materials. In Kennedy J F, Phillips G O, Wedlock D J, et al.Cellulose and Its Derivatives: Chemistry, Biochemistry and Applications. New York: Ellis Horwood Limited.

Hon D N-S. 1996. Functional natural polymers: A new dimensional creativity in lignocellulosic chemistry. In Hon D N-S.Chemical Modification of Lignocellulosic Materials. New York: Marcel Dekker, Inc, 1-10.

Hon D N-S, Luis J M S. 1989. Thermoplasticization of wood. II. Cyanoethylation. Journal of Polymer Science Part A: Polymer Chemistry, 27 (12): 4143-4160.

Hon D N-S, Ou N-H. 1989. Thermoplasticization of wood. I. Benzylation of wood. Journal of Polymer Science Part A: Polymer Chemistry, 27 (7): 2457-2482.

Horvath B, Peralta P, Frazier C, et al. 2011. Thermal softening of transgenic aspen. BioResources, 6 (2): 2125-2134.

Horvath L, Peszlen I, Gierlinger N, et al. 2012. Distribution of wood polymers within the cell wall of transgenic aspen imaged by Raman microscopy. Holzforschung, 66 (6): 717-725.

Hristov V, Takacs E, Vlachopoulos J. 2006. Surface tearing and wall slip phenomena in extrusion of highly filled HDPE/wood flour composites. Polymer Engineering and Science, 46 (9): 1204-1214.

Hristov V, Vlachopoulos J. 2007a. Influence of coupling agents on melt flow behavior of natural fiber composites. Macromolecular Materials and Engineering, 292 (5): 608-619.

Hristov V, Vlachopoulos J. 2007b. A study of viscoelasticity and extrudate distortions of wood polymer composites. Rheologica Acta, 46 (5): 773-783.

Hristov V, Vlachopoulos J. 2008. Effects of polymer molecular weight and filler particle size on flow behavior of wood polymer composites. Polymer Composites, 29 (8): 831-839.

Huang H X, Zhang J J. 2009. Effects of filler-filler and polymer-filler interactions on rheological and mechanical properties of HDPE-wood composites. Journal of Applied Polymer Science, 111 (6): 2806-2812.

Irvine G. 1984. The glass transitions of lignin and hemicellulose and their measurement by differential thermal analysis. Tappi Journal, 67 (5): 118-121.

Ishii T, Shimizu K. 2001. Chemistry of Cell Wall Polysaccharides. In Hon D N-S, Shiraishi N.Wood and Cellulosic Chemistry. New York: Marcel Dekkeinrc, 175-211.

Ishimaru Y, Yamada Y, Iida I, et al. 1996. Dynamic viscoelastic properties of wood in various stages of swelling. Mokuzai Gakkaishi, 42 (3): 250-257.

Isogai A, Saito T, Fukuzumi H. 2011. TEMPO-oxidized cellulose nanofibers. Nanoscale, 3 (1): 71-85.

Ito H, Kumari R, Takatani M, et al. 2008. Viscoelastic evaluation of effects of fiber size and composition on cellulose-polypropylene composite of high filler content. Polymer Engineering and Science, 48 (1): 168-176.

Johnson K, Overend R. 1991. Lignin-carbohydrate complexes from *Populus deltoides*. I. Purification and characterization. Holzforschung, 45 (6): 469-475.

Joseph P, Oommen Z, Joseph K, et al. 2002. Melt rheological behaviour of short sisal fibre reinforced polypropylene composites. Journal of Thermoplastic Composite Materials, 15 (2): 89-114.

Jung S, Foston M, Sullards M C, et al. 2010. Surface characterization of dilute acid pretreated *Populus deltoides* by ToF-SIMS. Energy and Fuels, 24 (2): 1347-1357.

Jurasek L. 1998. Molecular modelling of fibre walls. Journal of Pulp and Paper Science, 24 (7): 209-212.

Kalaprasad G, Mathew G, Pavithran C, et al. 2003. Melt rheological behavior of intimately mixed short sisal-glass hybrid fiber-reinforced low-density polyethylene composites. I. Untreated fibers. Journal of Applied Polymer Science, 89 (2): 432-442.

Kalaprasad G, Thomas S. 2003. Melt rheological behavior of intimately mixed short sisal-glass hybrid fiber-reinforced low-density polyethylene composites. II. Chemical modification. Journal of Applied Polymer Science, 89 (2): 443-450.

Kamide K, Okajima K, Kowsaka K. 1992. Dissolution of natural cellulose into aqueous alkali solution: role of super-molecular structure of cellulose. Polymer Journal, 24 (1): 71-86.

Kelley S S, Rials T G, Glasser W G. 1987. Relaxation behaviour of the amorphous components of wood. Journal of Materials Science, 22 (2): 617-624.

Kennedy J F, Phillips G O, Williams P A. 1993. Cellulosics: Chemical, Biochemical, and Material Aspects. New York: Ellis Horwood Limited.

Kerr A J, Goring, D A I. 1975a. The role of hemicellulose in the delignification of wood. Canadian Journal of Chemistry, 53 (6): 952-959.

Kerr A J, Goring, D A I. 1975b. Ultrastructural arrangement of the wood cell wall. Cellulose Chemistry and Technology, 9 (6): 563-573.

Kerr A J, Goring, D A I. 1975c. The role of hemicellulose in the delignification of wood. Canadian Journal of Chemistry, 53 (6): 952-959.

Kiguchi M. 2007. Latest market status of wood and wood plastic composites in North America and Europe. In the 2nd wood and wood plastic composites seminar in the 23rd wood composite symposium. Kyoto, Japan, 61-73.

Kilpeläinen I, Xie H, King A, et al. 2007. Dissolution of wood in ionic liquids. Journal of Agricultural and Food Chemistry, 55 (22), 9142-9148.

Kim J S, Awano T, Yoshinaga A, et al. 2012a. Ultrastructure of the innermost surface of differentiating normal and compression wood tracheids as revealed by field emission scanning electron microscopy. Planta, 235(6): 1209-1219.

Kim J S, Sandquist D, Sundberg B, et al. 2012b. Spatial and temporal variability of xylan distribution in differentiating secondary xylem of hybrid aspen. Planta, 235 (6): 1315-1330.

Klyosov A A. 2007. Wood-plastic composites. Hoboken: John Wiley and Sons, Inc.

Krassing H A. 1993. Cellulose: Structure, Accessibility and Reactivity. Swizerland: Gordon and Breach Science Publishers.

Kumar R P, Nair K, Thomas S, et al. 2000. Morphology and melt rheological behaviour of short-sisal-fibre-reinforced SBR composites. Composites Science and Technology, 60 (9): 1737-1751.

Laine C. 2005. Structures of hemicelluloses and pectins in wood and pulp. PhD Dissertation, Helsinki University of Technology, 52.

Lang A, Mason S. 1960. Tritium exchange between cellulose and water: accessibility measurements and effects of cyclic drying. Canadian Journal of Chemistry, 38 (3): 373-387.

Lawoko M, Henriksson G, Gellerstedt G. 2006. Characterisation of lignin-carbohydrate complexes(LCCs)of spruce wood (Picea abies L.) isolated with two methods. Holzforschung, 60 (2): 156-161.

Le Moigne N, van den Oever M, Budtova T. 2013. Dynamic and capillary shear rheology of natural fiber-reinforced composites. Polymer Engineering and Science, 53 (12): 2582-2593.

Lemiszka T, Whitwell J. 1955. Stress relaxation of fibers as a means of interpreting physical and chemical structure: Part I: determination of the relative accessibility of fibers. Textile Research Journal, 25 (11): 947-955.

Li H, Law S, Sain M. 2004. Process rheology and mechanical property correlationship of wood flour-polypropylene composites. Journal of Reinforced Plastics and Composites, 23 (11): 1153-1158.

Li T, Wolcott M. 2004. Rheology of HDPE-wood composites. I. Steady state shear and extensional flow. Composites Part A: Applied Science and Manufacturing, 35 (3): 303-311.

Li T, Wolcott M. 2005. Rheology of wood plastics melt. Part 1. Capillary rheometry of HDPE filled with maple. Polymer Engineering and Science, 45 (4): 549-559.

Li T, Wolcott M. 2006a. Rheology of wood plastics melt, part 2: Effects of lubricating systems in HDPE/maple composites. Polymer Engineering and Science, 46 (4): 464-473.

Li T, Wolcott M. 2006b. Rheology of wood plastics melt, part 3: nonlinear nature of the flow. Polymer Engineering and Science, 46 (1): 114-121.

Lu X, Zhang M Q, Rong M Z, et al. 2003. Self-reinforced melt processable composites of sisal. Composites Science and Technology, 63 (2): 177-186.

Lu X, Zhang M Q, Rong M Z, et al. 2004. Environmental degradability of self-reinforced composites made from sisal. Composites Science and Technology, 64 (9): 1301-1310.

Maiti S, Subbarao R, Ibrahim M. 2004. Effect of wood fibers on the rheological properties of i-PP/wood fiber composites. Journal of Applied Polymer Science, 91 (1): 644-650.

Marcovich N E, Reboredo M M, Kenny J, et al. 2004. Rheology of particle suspensions in viscoelastic media. Wood flour-polypropylene melt. Rheologica Acta, 43 (3): 293-303.

Masson J F, Manley R S J. 1991. Miscible blends of cellulose and poly (vinylpyrrolidone). Macromolecules, 24 (25): 6670-6679.

Matsuda H. 1987. Preparation and utilization of esterified woods bearing carboxyl groups. Wood Science and Technology, 21 (1): 75-88.

Matsuda H, Ueda M, Hara M. 1984a. Preparation and utilization of esterified woods bearing carboxyl groups I. Esterification of wood with dicarboxylic acid anhydrides in the presence of a solvent. Mokuzai Gakkaishi, 30 (9): 735-741.

Matsuda H, Ueda M, Hara M. 1984b. Preparation and utilization of esterified woods bearing carboxyl groups II. Esterification of wood with dicarboxylic acid anhydrides in the absence of solvent. Mokuzai Gakkaishi, 30 (12): 1003-1010.

Matsuda H, Ueda M, Mori H. 1988. Preparation and crosslinking of oligoesterified woods based on maleic anhydride and allyl glycidyl ether. Wood Science and Technology, 22 (1): 21-32.

McCarthy J, Islam A. 2000. Lignin chemistry, technology, and utilization: a brief history. In: Glasser W G, Northey R A, Schultz T P. Lignin: Historical, Biological and Materials Perspectives. Washington D C: American Chemical Society, 2-100.

Mellerowicz E J, Baucher M, Sundberg B, et al. 2001. Unravelling cell wall formation in the woody dicot stem. Plant Cell

Walls, 47: 239-274.

Michell A J. 1982. Cellulose Chemistry and Technology, 16: 87.

Migneault S, Koubaa A, Erchiqui F, et al. 2008. Effect of fiber length on processing and properties of extruded wood-fiber/HDPE composites. Journal of Applied Polymer Science, 110 (2): 1085-1092.

Mohanty S, Nayak S K. 2006. Mechanical and rheological characterization of treated jute-HDPE composites with a different morphology. Journal of Reinforced Plastics and Composites, 25 (13): 1419-1439.

Mohanty S, Nayak S K. 2007a. Dynamic and steady state viscoelastic behavior and morphology of MAPP treated PP/sisal composites. Materials Science and Engineering: A, 443 (1): 202-208.

Mohanty S, Nayak S K. 2007b. Rheological characterization of HDPE/sisal fiber composites. Polymer Engineering and Science, 47 (10): 1634-1642.

Mohanty S, Verma S K, Nayak S K. 2006. Rheological characterization of PP/jute composite melts. Journal of Applied Polymer Science, 99: 1476-1484.

Muhlethaler K. 1967. Ultrastructure and formation of plant cell walls. Annual Review of Plant Physiology, 18 (4): 1-24.

Nakano T. 1994. Mechanism of thermoplasticity for chemically-modified wood. Holzforschung, 48 (4): 318-324.

Neogi A N, Floyd S L. 2002. Plastic wood, method of processing plastic wood, and resulting products: USA, 6395204.

Nguyen T, Zavarin E, Barrall E M. 1981. Thermal analysis of lignocellulosic materials: part I. unmodified materials. Journal of Macromolecular Science-Reviews in Macromolecular Chemistry, 20 (1): 1-65.

Nishimiya K, Hata T, Imamura Y, et al. 1998. Analysis of chemical structure of wood charcoal by X-ray photoelectron spectroscopy. Journal of Wood Science, 44 (1): 56-61.

Nishiyama Y, Sugiyama J, Chanzy H, et al. 2003. Crystal structure and hydrogen bonding system in cellulose Iα from synchrotron X-ray and neutron fiber diffraction. Journal of the American Chemical Society, 125 (47): 14300-14306.

Nordin S B, Nyren J O, Back E L. 1974. An indication of molten cellulose produced in a laser beam. Textile Research Journal, 44 (2): 152-154.

Obataya E, Furuta Y, Gril J. 2003. Dynamic viscoelastic properties of wood acetylated with acetic anhydride solution of glucose pentaacetate. Journal of Wood Science, 49 (2): 152-157.

Ohkoshi M. 1990. Bonding of wood by thermoplasticizing the surfaces. I. Effects of allylation and hot-press conditions. Mokuzai Gakkaishi, 36 (1): 57-63.

Ohkoshi M. 1991. Bonding of wood by thermoplasticizing the surfaces, 2: Possible crosslinking of wood by the graft-copolymerizing of styrene onto allylated surfaces. Mokuzai Gakknishi, 37 (10): 917-923.

Ohkoshi M, Hayashi N, Ishihara M. 1992. Bonding of wood by thermoplasticizing the surfaces. 3. Mechanism of thermoplasticization of wood by allylation. Mokuzai Gakkaishi, 38 (9): 854-861.

Olson J R, Jourdain C J, Rousseau R J. 1985. Selection for cellulose content, specific gravity, and volume in young *Populus deltoides* clones. Canadian Journal of Forest Research, 15 (2): 393-396.

Olsson A-M, Bjurhager I, Gerber L, et al. 2011. Ultra-structural organisation of cell wall polymers in normal and tension wood of aspen revealed by polarisation FTIR microspectroscopy. Planta, 233 (6): 1277-1286.

Olsson A-M, Salmén L. 2003. The softening behavior of hemicelluloses related to moisture. In Gatenholm P, Tenkanen M. Hemicelluloses: Science and Technology. Washington DC: American Chemical Society, 2003, 184-197.

Olsson A-M, Salmén L. 1992. Viscoelasticity of in situ lignin as affected by structure: Softwood vs. Hardwood. In Glasser W, Hatakeyama H. Viscoelasticity of Biomaterials. Washington DC: ACS Publications, 133-143.

Olsson A-M, Salmén L. 1997. The effect of lignin composition on the viscoelastic properties of wood. Nordic Pulp and

Paper Research Journal, 12: 140-144.

Ou R, Xie Y, Wang Q, et al. 2014a. Effects of ionic liquid on the rheological properties of wood flour/high density polyethylene composites. Composites Part A: Applied Science and Manufacturing, 61: 134-140.

Ou R, Wang Q, Wolcott M P, et al. 2014b. Effects of chemical modification of wood flour on the rheological properties of high density polyethylene blends. Journal of Applied Polymer Science, 131: 41200.

Ou R, Xie Y, Wang Q, et al. 2014c. Thermal, crystallization, and dynamic rheological behavior of wood particle/HDPE composites: Effect of removal of wood cell wall composition. Journal of Applied Polymer Science, 131 (11): 5499-5506.

Ou R, Xie Y, Wolcott M P, et al. 2014d. Effect of wood cell wall composition on the rheological properties of wood fiber/high density polyethylene composites. Composites Science and Technology, 93: 68-75.

Page D. 1976. A note on the cell-wall structure of softwood tracheids. Wood and Fiber Science, 7 (4): 246-248.

Pilate G, Chabbert B, Cathala B, et al. 2004. Lignification and tension wood. Comptes Rendus Biologies, 327 (9-10): 889-901.

Placet V, Passard J, Perré P. 2007. Viscoelastic properties of green wood across the grain measured by harmonic tests in the range 0~95℃: hardwood vs. softwood and normal wood vs. reaction wood. Holzforschung, 61 (5): 548-557.

Plomion C, Leprovost G, Stokes A. 2001. Wood formation in trees. Plant Physiology, 127 (4): 1513-1523.

Preston R, Cronshaw J. 1958. Constitution of the fibrillar and non-fibrillar components of the walls of *Valonia ventricosa*. Nature, 181: 248-250.

Preston R D. 1986. Natural celluloses. In Cellulose: Structure, Modification and Hydrolysis. Young R A, Rowell R M. New York: Wiley, 3-27.

Raghavan R, Adusumalli R-B, Buerki G, et al. 2012. Deformation of the compound middle lamella in spruce latewood by micro-pillar compression of double cell walls. Journal of Materials Science, 47 (16): 6125-6130.

Reid J S G. 1997. Carbohydrate metabolism: structural carbohydrates. In Dey P M, Harborne J B. Plant Biochemistry. London Academic Press, 205-236.

Rowell R M. 1984. The Chemistry of Solid Wood. Washington DC: American Chemical Society.

Rowell R M, Clemons C M. 1992. Chemical modification of wood fiber for thernoplasticity, compatibilization with plastics, and dimensional stability. Paper presented at: Proceedings of 26th International Particleboard/Composite Materials Symposium. Washington State University, Pullman, WA.

Rowell R M, O'Dell J L, Rials T G. 1994. Chemical modification of agro-fiber for thermoplasticization. Paper presented at: Second pacific rim bio-based composites symposium, Vancouver, Canada.

Ruel K, Barnoud F, Goring D. 1978. Lamellation in the S2 layer of softwood tracheids as demonstrated by scanning transmission electron microscopy. Wood Science and Technology, 12 (4): 287-291.

Ruel K, Joseleau J-P. 2005. Deposition of hemicelluloses and lignins during secondary wood cell wall assembly. Paper presented at: The Hemicelluloses Workshop, Christchurch, Wood Technology Research Centre.

Sadoh T. 1981. Viscoelastic properties of wood in swelling systems. Wood Science and Technology, 15 (1): 57-66.

Sakata I, Senju R. 1975. Thermoplastic behavior of lignin with various synthetic plasticizers. Journal of Applied Polymer Science, 19 (10): 2799-2810.

Salmén L. 1984. Viscoelastic properties of in situ lignin under water-saturated conditions. Journal of Materials Science, 19 (9): 3090-3096.

Salmén L, Olsson A-M. 1998. Interaction between hemicelluloses, lignin and cellulose: structure-property relationships.

Journal of Pulp and Paper Science, 24 (3): 99-103.

Salmah H, Lim B Y, Teh P L. 2013. Rheological and thermal properties of palm kernel shell-filled low-density polyethylene composites with acrylic acid. Journal of Thermoplastic Composite Materials, 26 (9): 1155-1167.

Salmen L, Olsson A-M, Stevanic J, et al. 2012. Structural organisation of the wood polymers in the wood fibre structure. BioResources, 7 (1): 0521-0532.

Santi C R, Hage E, Vlachopoulos J, et al. 2009. Rheology and processing of HDPE/wood flour composites. International Polymer Processing, 24 (4): 346-353.

Sato S, Shiraishi N, Sadoh T, et al. 1975. Setting of wood using several cellulose-and lignin-solvents. Material, 24(264): 885-889.

Schaffer E L. 1973. Effect of pyrolytic temperatures on the longitudinal strength of dry Douglas-fir. Journal of Testing and Evaluation, 1: 319-329.

Schemenauer J J, Osswald T A, Sanadi A R, et al. 2000. Melt rheological properties of natural fiber-reinforced polypropylene. In ANTEC 2000 society of plastic engineers conference. Orlando, Florida, 2206-2210.

Sell J, Zimmermann T. 1993a. Radial fibril agglomerations of the S2 on transverse-fracture surfaces of tracheids of tension-loaded spruce and white fir. European Journal of Wood and Wood Products, 51 (6): 384-384.

Sell J, Zimmermann T. 1993b. The structure of the cell wall layer S2. Field-emission SEM studies on transverse-fracture surfaces of the wood of spruce and white fir. Forschungs Arbeitsbericht, 115: 28.

Sepall O, Mason S. 1960. Vapor/liquid partition of tritium in tritiated water. Canadian Journal of Chemistry, 38 (10): 2024-2025.

Shiraishi N. 2000. Wood plasticization. In Hon D N-S, Shiraishi N. Wood Cellulosic Chemistry. New York: Marcel Dekkeinrc, 655-700.

Shiraishi N, Matsunaga T, Yokota T. 1979a. Thermal softening and melting of esterified wood prepared in an N_2O_4-DMF cellulose solvent medium. Journal of Applied Polymer Science, 24 (12): 2361-2368.

Shiraishi N, Matsunaga T, Yokota T. et al. 1979b. Preparation of higher aliphatic acid esters of wood in an N_2O_4-DMF cellulose solvent medium. Journal of Applied Polymer Science, 24 (12): 2347-2359.

Simonović J, Stevanic J, Djikanović D, et al. 2011. Anisotropy of cell wall polymers in branches of hardwood and softwood: a polarized FTIR study. Cellulose, 18 (6): 1433-1440.

Smidsrod O, Haug A, Larsen B. 1966. The influence of pH on the rate of hydrolysis of acidic polysaccharides. Acta Chemica Scandinavica, 20 (4): 1026-1034.

Soury E, Behravesh A H, Rizvi G M, et al. 2012. Rheological investigation of wood-polypropylene composites in rotational plate rheometer. Journal of Polymers and the Environment, 20 (4): 998-1006.

Sticklen M B. 2008. Plant genetic engineering for biofuel production: towards affordable cellulosic ethanol. Nature Reviews Genetics, 9 (6): 433-443.

Strella S. 1963. Differential thermal analysis of polymers. I. The glass transition. Journal of Applied Polymer Science, 7 (2): 569-579.

Sugiyama M, Obataya E, Norimoto M. 1998. Viscoelastic properties of the matrix substance of chemically treated wood. Journal of Materials Science, 33 (14): 3505-3510.

Sumiya K, Nomura T, Yamada T. 1967. Creep and infrared spectra of chemically treated Hinoki wood. Material, 169 (16): 830-833.

Sun N, Das S, Frazier C E. 2007. Dynamic mechanical analysis of dry wood: linear viscoelastic response region and effects of minor moisture changes. Holzforschung, 61 (1): 28-33.

Swatloski R P, Spear S K, Holbrey J D, et al. 2002. Dissolution of cellose with ionic liquids. Journal of the American Chemical Society, 124 (18): 4974-4975.

Terashima N, Awano T, Takabe K, et al. 2004. Formation of macromolecular lignin in ginkgo xylem cell walls as observed by field emission scanning electron microscopy. Comptes Rendus Biologies, 327 (9): 903-910.

Terashima N, Kitano K, Kojima M, et al. 2009. Nanostructural assembly of cellulose, hemicellulose, and lignin in the middle layer of secondary wall of ginkgo tracheid. Journal of Wood Science, 55 (6): 409-416.

Terashima N, Yoshida M, Westermark U. 2012. Proposed supramolecular structure of lignin in softwood tracheid compound middle lamella regions. Holzforschung, 66: 907-915.

Thiebaud S, Borredon M. 1995. Solvent-free wood esterification with fatty acid chlorides. Bioresource Technology, 52 (2): 169-173.

Thiebaud S, Borredon M, Baziard G, et al. 1997. Properties of wood esterified by fatty-acid chlorides. Bioresource Technology, 59 (2): 103-107.

Timar M C, Maher K, Irle M, et al. 2000a. Preparation of wood with thermoplastic properties, Part 2. Simplified technologies. Holzforschung, 54 (1): 77-82.

Timar M C, Maher K, Irle M, et al. 2004. Thermal forming of chemically modified wood to make high-performance plastic-like wood composites. Holzforschung, 58 (5): 519-528.

Timar M C, Mihai M D, Maher K, et al. 2000b. Preparation of wood with thermoplastic properties, Part 1. Classical synthesis. Holzforschung, 54 (1): 71-76.

Timell T E. 1964. Wood hemicelluloses: Part I. In: Melville L W. Advances in Carbohydrate Chemistry. Academic Press, 247-302.

Timell T E. 1967. Recent progress in the chemistry of wood hemicelluloses. Wood Science and Technology, 1(1): 45-70.

Tokoh C, Takabe K, Sugiyama J, et al. 2002. CP/MAS ^{13}C NMR and electron diffraction study of bacterial cellulose structure affected by cell wall polysaccharides. Cellulose, 9 (3-4): 351-360.

Wang P, Liu J, Yu W, et al. 2011. Dynamic rheological properties of wood polymer composites: From linear to nonlinear behaviors. Polymer Bulletin, 66 (5): 683-701.

Whitney S E, Gothard M G, Mitchell J T, et al. 1999. Roles of cellulose and xyloglucan in determining the mechanical properties of primary plant cell walls. Plant Physiology, 121 (2): 657-664.

Wu J H, Hsieh T Y, Lin H Y, et al. 2004a. Properties of wood plasticization with octanoyl chloride in a solvent-free system. Wood Science and Technology, 37 (5): 363-372.

Wu J, Zhang J, Zhang H, et al. 2004b. Homogeneous acetylation of cellulose in a new ionic liquid. Biomacromolecules, 5 (2): 266-268.

Xie M H, Zhao G J. 2001. Creep behavior of dematrixed Chinese Fir (Cunninghamia lanceolata). Paper presented at: International Conference of Symposiun on Utilization of Agricultural and Forestry Residues. Nanjing.

Xie M H, Zhao G J. 2004a. Effects of periodic temperature changes on stress relaxation of chemically treated wood. Forestry Studies in China, 6 (4): 45-49.

Xie M H, Zhao G J. 2004b. Structural change of wood molecules and chemorheological behaviors during chemical treatment. Forestry Studies in China, 6 (3): 55-62.

Xie M H, Zhao G J. 2005. Stress relaxation of chemically treated wood during processes of temperature elevation and decline. Forestry Studies in China, 7 (2): 26-30.

Xue F L, Zhao G J, Lü W H. 2005. Creep of Chinese fir wood treated by different reagents. Forestry Studies in China, 7 (1), 40-45.

Young R A, Rowell R M. 1986. Cellulose: Structure, Modification and Hydrolysis. New York: Wiley.

Zhang D W, Li Y J, Feng Y H, et al. 2011. Effect of initial fiber length on the rheological properties of sisal fiber/polylactic acid composites. Polymer Composites, 32 (8): 1218-1224.

Zhang H, Wu J, Zhang J, et al. 2005a. 1-Allyl-3-methylimidazolium chloride room temperature ionic liquid: A new and powerful nonderivatizing solvent for cellulose. Macromolecules, 38 (20): 8272-8277.

Zhang J, Park C B, Rizvi G M, et al. 2009. Investigation on the uniformity of high-density polyethylene/wood fiber composites in a twin-screw extruder. Journal of Applied Polymer Science, 113 (4): 2081-2089.

Zhang M Q, Rong M Z, Lu X. 2005b. Fully biodegradable natural fiber composites from renewable resources: All-plant fiber composites. Composites Science and Technology, 65 (15): 2514-2525.

Zimmermann T, Sell J. 1997. The fine structure of the cell wall on transverse-fracture surfaces of longitudinally tension-loaded hardwoods. Forschungs Arbeitsbericht, 115: 35.

Zimmermann T, Thommen V, Reimann P, et al. 2006. Ultrastructural appearance of embedded and polished wood cell walls as revealed by atomic force microscopy. Journal of Structural Biology, 156 (2): 363-369.

Zugenmaier P. 2001. Conformation and packing of various crystalline cellulose fibers. Progress in Polymer Science, 26 (9): 1341-1417.

第 2 章 离子液体塑化杨木纤维的动态黏弹性

2.1 引 言

木质素在木质纤维材料中扮演着胶黏剂的角色，通过氢键作用和化学键结合（木质素-碳水化合物复合体，LCC）固定和支撑半纤维素和纤维素微纤丝，形成错综复杂的三维网络结构（Satheesh Kumar et al.，2009）。在不使用合成胶黏剂的情况下，这一特性使得木质素可以作为原位天然胶黏剂用于木质纤维材料固化成型和无胶纤维/刨花板的制备（Kaliyan and Morey，2010）。蒸汽处理过程中半纤维素和木质素的反应降解产物可作为颗粒燃料（Lam et al.，2013）和无胶板（Tanahashi，1990）的原位胶黏剂。这些组分在热压过程中能够软化甚至表现出黏性或塑性流动，渗入邻近木质颗粒中，冷却后固化在颗粒间形成桥接和黏合（Quintana et al.，2009；Takahashi et al.，2010），从而形成较高强度。木质纤维颗粒在挤出或注塑成型加工过程中，受剪切和拉伸应力的作用而发生热塑性变形对制备高木材含量木塑复合材料（WPC）至关重要（Ou et al，2014b；Wang et al.，2011；王清文和欧荣贤，2011）。因此，研究木质纤维材料无定形组分的热机械特性在提高木质颗粒的热自黏强度和改善 WPC 的加工性能等方面至关重要。

检测木质纤维材料的玻璃化转变温度（T_g）的手段有差示扫描量热法（DSC），样品玻璃化转变过程中热容曲线表现出阶跃式突变。由于吸附水的吸热蒸发峰覆盖了木质纤维材料在玻璃化转变过程中热容曲线的阶跃式突变，大部分 DSC 研究都是对干燥木质纤维材料进行测试，即 DSC 第二次升温扫描曲线（Guigo et al.，2009）。但是，干燥木质纤维材料在玻璃化转变过程中的松弛吸热值极小，灵敏度低的传统 DSC 很难检测得到（Östberg et al.，1990；Wolcott and Shutler，2003）。此外，第二次扫描测试值不能真实地反映材料的原始状态。

由于木质纤维材料的玻璃化转变所伴随的热机械转变比热容变化剧烈得多（Abiad et al.，2010），因此，动态力学分析（DMA）检测热转变比 DSC 更加灵敏。这是由于 DMA 能够检测到玻璃化转变前的短程运动，从而鉴别出主链运动的起始点（Kalichevsky et al.，1992）。DMA 传统的测试方法只局限于测试具有自我支撑能力的样品，如片状、棒状、薄膜和长纤维材料（Menard，1999）。因此，木质纤维颗粒只能先在高温高压条件下压缩成片状以避免样品在测试过程中破裂（Stelte et al.，2011，2012）。这对于研究粒状木质纤维材料存在严重的问题，因为木质纤维材料的结构和性质在热压过程中会被改变，尤其对于塑化的木质纤维材料。

最近，Royall 等（2005）研发了一种新型的 DMA 样品夹具，可以用于直接测试粉末状的药物（Mahlin et al., 2009）和食品（Silalai and Roos, 2011）的动态黏弹性。用其测试粉末状半结晶材料热转变的研究结果已初步证实了这一新型 DMA 测试技术（MP-DMA）的可行性（Mahlin et al., 2009；Soutari et al., 2012）。Warren 等采用浸没模式 MP-DMA 研究了淀粉的凝胶化（Warren et al., 2012），但是鲜有文献报道采用 MP-DMA 研究颗粒状木质纤维材料的热转变（Paes et al., 2010）。近年来，离子液体作为一类新型的环境友好的"绿色溶剂"已经被广泛研究。离子液体能够塑化或溶解纤维素（Swatloski et al., 2002；Zhu et al., 2006）、木质素（Pu et al., 2007；Tan et al., 2009；Wen et al., 2014）、半纤维素（Brandt et al., 2011；Fort et al., 2007）甚至木材（Fort et al., 2007；Ou et al., 2014a；Sun et al., 2009）。绝大部分公开的研究主要集中在利用离子液体溶解或作为媒介溶剂改性处理加工纤维素、半纤维素、木质素或木质纤维材料（Schrems et al., 2011）。据笔者所知，迄今没有出现过离子液体塑化木质纤维材料热转变的研究报道。

本章将主要评价采用 MP-DMA 检测离子液体（氯化 1-乙基-3-甲基咪唑）塑化杨木纤维的热机械转变的可行性。为了阐明塑化木材不同热转变的细胞壁组分归属，我们制备了四种含有不同细胞壁组分的纤维：木粉（WF）、去半纤维素纤维（HR）、去木质素纤维（HC）和 α-纤维素纤维（αC）。

2.2 实 验 部 分

2.2.1 主要原料

（1）木材树种：15 年杂交杨木（*Populus ussuriensis* Kom.），2011 年 11 月伐自美国华盛顿州 Pullman 的林场。

（2）离子液体（IL）：氯化 1-乙基-3-甲基咪唑（[Emim]Cl），纯度 99.0%，熔点 87℃，中国科学院兰州物理化学研究所。笔者采用 IL 作为一种典型的木质纤维塑化剂来进行基础理论研究，在实际应用过程中可采用其他与 IL 具有相似塑化能力的塑化剂。

2.2.2 主要仪器及设备

本章所用的主要仪器及设备见表 2-1。

表 2-1 主要仪器及设备

名称	型号	生产厂家
X 射线衍射仪	D8 Focus	Bruker AXS Ltd., UK
差示扫描量热仪	DSC822e	Mettler Toledo, USA
动态力学分析仪	Q800	TA Instruments, USA

2.2.3 木片和木粉的制备

从新伐杨木胸高（130cm）处锯取约 20cm 厚的圆盘。矩形木片（WS）的制备方法如图 2-1 所示，木片规格：35mm×12mm×2mm（纵向 L×径向 R×弦向 T）。为排除木材变异性的影响，所有试件均取自心材外侧部分的三个相同生长轮。剩余心材用 Wiley 磨粉碎成 80～100 目的木粉。

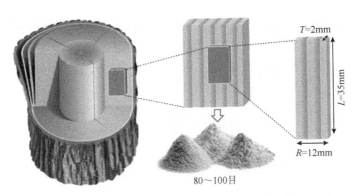

图 2-1　矩形木片和木粉的制备示意图（尺寸不是按比例绘制）

2.2.4 木材纤维的制备

以上述 80～100 目的木粉为原料制备以下四种含有不同细胞壁组分的纤维。

（1）去抽提物木粉（WF）的制备：将上述 80～100 目的木粉在真空干燥箱中 80℃下干燥 24h 后，用甲苯和乙醇混合液索氏抽提 6h，去除可溶抽提物，将抽提后的木粉在 80℃下真空干燥 24h。

（2）去木质素纤维（综纤维素纤维，HC）的制备：依据文献方法（Wise et al.，1946），将 60g WF 转移到 2500mL 的锥形瓶中，加入 1950mL 蒸馏水、15mL 冰醋酸及 18g 亚氯酸钠，用玻璃棒搅拌均匀，倒扣上 250mL 的锥形瓶，置于 75℃ 恒温水浴锅中加热 1h。加热过程中不断搅拌，使得反应更加充分；1h 后向锥形瓶中继续加入 15mL 冰醋酸和 18g 亚氯酸钠，继续在 75℃下加热 1h，如此重复 4 次。取出锥形瓶放入冰水浴中冷却，然后用真空抽滤泵和布氏漏斗进行过滤，并用蒸馏水反复洗涤滤饼至滤液呈中性，将滤饼在 105℃下真空干燥 48h 得到 HC。

（3）α-纤维素纤维（αC）的制备：依据文献方法，将 100g HC 放入 2500mL 17.5% 的 NaOH 溶液中，在 20℃下反应 40min 后，加入 2500mL 蒸馏水，5min 后过滤，将滤饼放入 4000mL 10%的乙酸溶液中浸泡 10min，充分搅拌，让 NaOH 与乙酸充分中和，之后过滤。用沸蒸馏水反复冲洗滤饼至滤液呈中性，将滤饼在 105℃下真空干燥 48h 得到 αC。

(4) 去半纤维素纤维（HR）的制备：方法同（3），原料为 WF。

化学处理过程中，纤维尺寸会发生变化，为了排除尺寸变化的影响，将四种纤维（WF、HC、HR 和 αC）用 Wiley 磨粉碎至 100～160 目，在 105℃下真空干燥 24h 后，置于装有 P_2O_5 的干燥器中备用。

2.2.5 离子液体处理木材纤维

将一定量的[Emim]Cl 溶于无水乙醇，搅拌形成均匀溶液。将干燥木片和四种杨木纤维分别放置在烧杯中，然后注入溶液将其浸泡。将烧杯放入真空干燥器中，抽真空至木片和纤维沉至烧杯底部，然后在室温大气环境下静置 24h 将样品完全浸透。处理样品过滤后在 65℃下真空干燥 24h，测试前在装有 P_2O_5 的干燥器中放置 7 天。所有样品的增重率约 36%。

2.2.6 表征方法

2.2.6.1 X 射线衍射（XRD）分析

采用 D8 Focus 型 X 射线衍射仪（Bruker AXS Ltd., UK）对样品进行物相分析。具体测试参数为：Cu 靶 K_α 辐射，$\lambda=1.5406$Å，加速器电压为 40kV，管电流为 40mA，扫描范围为 $2\theta=5°\sim40°$，采用步进式扫描，步长为 0.01°。根据 Segal 方法计算样品的相对结晶度 CrI（Segal et al., 1959）。

2.2.6.2 差示扫描量热（DSC）分析

采用 DSC822e 型热流式差示扫描量热仪（Mettler Toledo, USA）在氮气氛围中对样品的玻璃化转变进行测试。样品重量为 6～7mg，氮气流量为 80mL/min，降温过程采用液氮冷却。测试程序分三步：首先将样品从 25℃升温（10℃/min）至 135℃，恒温 10min 排除水分和消除热历史的影响；然后以 10℃/min 降温至-20℃，恒温 2min；最后以 10℃/min 升温至 200℃。取第二次升温曲线中玻璃化转变区域的中点温度（$T_{g,mid}$）为样品的玻璃化转变温度。对新样品重复测试 3 次，取平均值。

2.2.6.3 动态力学分析（DMA）

采用 Q800 型动态力学分析仪（TA Instruments, USA）对样品的动态黏弹性进行分析。对于矩形木片，直接采用 DMA 进行测试；而对于杨木纤维，传统的 DMA 测试模式无法直接对其进行测试。笔者采用不锈钢样品夹（Perkin Elmer, USA，产品号 N5330323）包裹纤维状样品，从而提供力学支撑。如图 2-2（a）所示，样品夹尺寸为 30mm×14mm，在中心线沿着长度方向刻有槽痕，样品夹可以沿着槽痕对折。在装样品前，先将样品夹折叠成 60°，将约 40mg 杨木纤维均匀地平铺在样品夹的一内侧面，然后对折压紧成厚度为 0.9mm 的三明治结构，如图 2-2（b）所示。

最后将装有纤维的样品夹装卡在单悬臂梁夹具上[图2-2(c)]，用扭力扳手拧紧，扭矩为 0.565 N·m（即 5in·lb，其中 in 为长度单位英寸，1in=2.54cm；lb 为质量单位磅，1lb=0.453 592kg）。

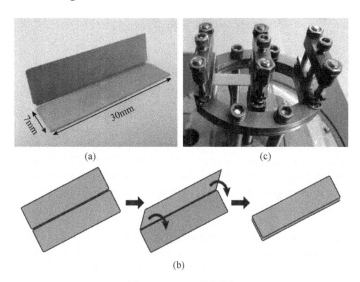

图 2-2 DMA 装置图

（a）样品夹；（b）粉末样品装载示意图；（c）装有纤维的样品夹在 DMA Q800 单悬臂梁模式下测试

具体测试参数为：振动频率 1Hz，振幅 15μm（在干木片的线性黏弹区内），首先将样品从 25℃升温（10℃/min）至 135℃，恒温 10min 排除水分和消除热历史的影响；然后用液氮迅速降温至-20℃，恒温 2min；最后以 3℃/min 升温至 200℃。第二次升温曲线用于分析。对新样品重复测试 5 次，计算平均曲线。

采用样品夹 DMA（MP-DMA）测试得到的储能模量（E'）幅值不能代表样品的真实模量，且只能用于定性分析。但是，对于一个特定的样品，E'随温度的变化程度可以作为结果比较的定量指标。因此，我们将测试得到的 E' 和 $\tan\delta$ 进行归一化处理，以便于在同一基准下比较。在同一次升温扫描测试中，将不同温度下样品的 E' 除以最大储能模量 E'_{max}，得到归一化模量 E'/E'_{max}，然后用 E'/E'_{max} 来研究离子液体处理对杨木纤维热塑性的影响。同样，归一化损耗因子 $\tan\delta/\tan\delta_{min}$，是将同一次升温扫描测试中，不同温度下样品的 $\tan\delta$ 除以最小损耗因子 $\tan\delta_{min}$，$\tan\delta/\tan\delta_{min}$ 用来确定样品的玻璃化转变温度 T_g，以及分析离子液体与细胞壁大分子（纤维素、半纤维素和木质素）之间的相互作用。

为了排除因细胞壁降解等因素引起的热转变，采用 MP-DMA 对[Emim]Cl 处理纤维进行热可逆性测试。温度程序为：①-20℃下平衡 5min；②从-20℃以 3℃/min 升温至 135℃；③135℃下平衡 10min；④从 135℃以 3℃/min 降温至-20℃；⑤-20℃

下平衡 5min；⑥从–20℃以 3℃/min 升温至 135℃；⑦135℃下平衡 10min；⑧从 135℃以 3℃/min 降温至–20℃；⑨–20℃下平衡 5min；⑩从–20℃以 3℃/min 升温至 135℃。振动频率 1Hz，振幅 15μm（在干木片的线性黏弹区内）。

2.3 离子液体对杨木纤维动态黏弹性的影响

2.3.1 XRD 分析

图 2-3 为四种纤维的 X 射线衍射图。WF 的结晶结构属于典型的纤维素 I 型，其中（1$\bar{1}$0）、（110）和（200）晶面衍射峰位 2θ 分别为 15.4°、16.5°和 22.5°（Oudiani et al.，2011）。去木质素没有改变纤维素的晶体结构，仍然为 I 型。而去半纤维素后，在 2θ=12.4°、19.8°和 22.0°处出现一组强度较弱的衍射峰，这与纤维素 II 型相符，分别对应于 II 型晶体的（1$\bar{1}$0）、（110）和（200）晶面衍射峰（Oudiani et al.，2011），同时，纤维素 I 型晶体结构的衍射峰仍然存在，说明纤维素在 NaOH 溶液处理过程中部分葡萄糖残基被溶剂化，原有的氢键体系被破坏，发生重新排列后形成新的氢键体系，造成部分 I 型晶体转变成 II 型晶体（Qin et al.，2008）。对于 αC，位于 2θ=22.5°和 16.5°处的衍射峰消失，而在 21.9°、20.3°和 12.4°处出现三个新的衍射峰，这说明 I 型晶体被完全转变为 II 型晶体。与 WF 相比，由于 HC 不含木质素，HC 中的纤维素 I 型晶体更容易被碱液溶剂化而转变成 II 型晶体（Samayam et al.，2011）。去木质素后，纤维的 CrI 从 43.5%增大为 51.1%；去半纤维素后 CrI 增大为 57.4%；同时去除木质素和半纤维素后，CrI 增大为 72.0%。这是由于木材纤维中无定形组分的去除，增加了结晶纤维素的含量（Kaushik et al.，2010；Yu et al.，2011）。

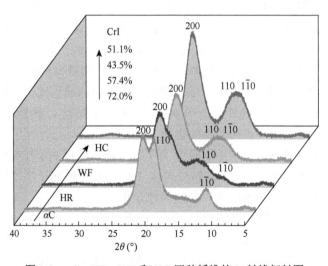

图 2-3 αC、HR、WF 和 HC 四种纤维的 X 射线衍射图

2.3.2 DSC 分析

图2-4为干燥的未处理和[Emim]Cl处理纤维的DSC曲线。在测试温度范围内，未处理纤维没有表现出玻璃化转变。这是由于干燥木材在玻璃化转变过程中松弛吸热值太小，以至于灵敏度较低的传统DSC技术无法检测（Östberg et al.，1990；Wolcott and Shutler，2003）。Karing 等（1960）、Goring（1963）以及 Kalaschnik 等（1991）发现绝干纤维素的玻璃化转变温度为220~250℃，高于纤维素的降解温度。Vittadini 等（2001）利用传统DSC技术测试含水率为0~19%的纤维素，也未检测到其玻璃化转变。木材纤维经[Emim]Cl处理后，在70℃左右表现出明显的玻璃化转变。经[Emim]Cl处理后的WF、HR、HC和αC的$T_{g,mid}$分别为68℃、69℃、69℃和74℃（表2-2），均在前人报道的湿木材的玻璃化转变温度范围内（50~100℃），他们将此转变归因于木质素的热软化温度（Hatakeyama and Hatakeyama，2010；Irvine，1984；Kelley et al.，1987；Salmén，1984）。如表2-2所示，[Emim]Cl处理的四种纤维的玻璃化转变区域（$T_{g,end}$~$T_{g,on}$）均发生在6℃内。[Emim]Cl在纤维中充当着类似于水分子塑化剂的作用，加速了细胞壁大分子的塑性流动。去半纤维素或木质素对纤维$T_{g,mid}$的影响较小，而同时去除半纤维素和木质素提高了纤维的$T_{g,mid}$达6℃。

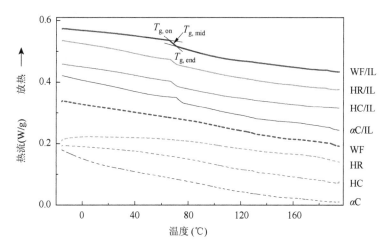

图2-4 未处理和经[Emim]Cl处理杨木纤维的DSC曲线

$T_{g,on}$、$T_{g,mid}$和$T_{g,end}$分别为玻璃化转变起始、中点和结束温度

表 2-2 经[Emim]Cl 处理杨木纤维和木条的 DMA 和 DSC 测试结果

样品名称	DMA（$\tan\delta/\tan\delta_{\min}$）			DSC	
	峰1（℃）	峰2（℃）	峰3（℃）	$T_{g, mid}$（℃）	$T_{g, end}-T_{g, on}$（℃）
αC/IL	27（0.4）	87（3.2）	147（3.8）	73.6（0.4）	5.1（0.2）
HC/IL	39（3.5）	84（0.8）	126（0.7）	69.1（0.3）	5.0（0.1）
HR/IL	30（3.5）	88（3.5）	140（5.2）	68.9（0.2）	5.3（0.1）
WF/IL	33（1.4）	102（0.9）	157（3.8）	68.4（0.3）	5.5（0.2）
WS/IL	28（3.0）	91（4.7）	168（4.0）	N.D.	N.D.

注：①N.D.：未测定到。
②DMA 和 DSC 结果分别为重复 5 次和 3 次的平均值，括号内为平均标准误差。

2.3.3 DMA 分析

2.3.3.1 未处理样品的 DMA 分析

未处理木片和纤维的 $E'/E'_{\max}$ 随温度的变化如图 2-5（a）所示。由图 2-5（a）可见，$E'/E'_{\max}$ 随着温度的升高而降低。这是由于在较低温度下，样品中储存能量的分子单元较多，随着温度升高，一些基团的运动变得自由，此时储存能量的只有难以运动的大分子基体，因此，储能模量随着链段运动的加剧而降低（何曼君等，2006）。当温度达到 130℃，木片的 $E'/E'_{\max}$ 大幅降低 [图 2-5（a）]，表明木材无定形组分开始发生玻璃化转变。MP-DMA 测试纤维样品的结果不同，在整个测试温度范围内，$E'/E'_{\max}$ 随着温度升高逐渐降低。这是由于在样品夹中测试得到的 E' 是不锈钢样品夹和纤维样品二者力学响应的共同结果，而前者占主导地位。不锈钢在测试温度范围内，不发生力学松弛，因而纤维样品因玻璃化转变而发生的 $E'/E'_{\max}$ 降低在曲线上表现得不明显。如图 2-5（a）所示，在测试温度范围内，四种纤维中 αC 的 $E'/E'_{\max}$ 最大，其他依次为 HR、WF 和 HC。这一结果与上述 XRD 测试结果相符，去除半纤维素和（或）木质素后，纤维的 CrI 增大，使得纤维的刚性增大（Rong et al.，2001）。然而与 WF 相比，HC 具有较高的 CrI，但其 $E'/E'_{\max}$ 却大幅降低。这是由于去除复合胞间层（Donaldson，1994；Hafrén et al.，2000）（CML）和初生壁（Sticklen，2008）（PW）中的球状木质素和次生壁中的狭缝状（slit-like）（Hafrén et al.，1999）或棱晶状（lens-shaped）（Bardage et al.，2004）木质素后，HC 变成了高度孔隙结构（Junior et al.，2013；Ou et al.，2014b；Shams and Yano，2011）。这种孔隙结构的刚性大幅降低，柔顺性增大（Ou et al.，2014b；Shams and Yano，2011）。

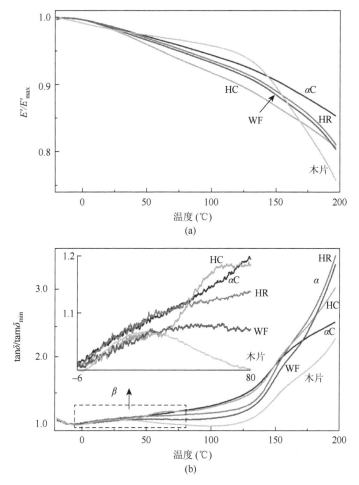

图 2-5 未处理木条和纤维的 DMA 曲线（5 次测试平均值）

(a) E'/E'_{max}；(b) $\tan\delta/\tan\delta_{min}$

未处理木片和纤维的 $\tan\delta/\tan\delta_{min}$ 随温度的变化如图 2-5（b）所示。由图 2-5（b）可以观察到，木片表现出两个不同的松弛过程，分别为发生在较高温区域 200℃ 左右的 α 松弛过程，以及在较低温区域 30℃ 左右的 β 松弛过程。α 松弛过程是由于细胞壁非晶区域大分子的微布朗运动（Jebrane et al., 2011；Jiang et al., 2008；Sugiyama and Norimoto, 1996；Sugiyama et al., 1998）。β 松弛过程归因于样品中残余水分子塑化木质素和（或）木质素-半纤维素复合体的运动（Backman and Lindberg, 2001；Jebrane et al., 2011；Jiang et al., 2008；Obataya et al., 2003；Sugiyama et al., 1998；Sun et al., 2007）。虽然测试样品经 P_2O_5 干燥了 7 天，并且测试前在 135℃ 下退火处理 10min，但是样品不可能达到绝干状态，微量水分能够被细胞壁大分子牢固地锁定住（Szcześniak et al., 2008）。Sun 等（2007）研究发现，微量水分（0~0.7%）

的改变能够引起北美鹅掌楸在很宽温度范围内（−100~150℃）E'和 $\tan\delta$ 的变化。微量水分在细胞壁中充当着承载构件的作用，能够调节链段构象和堆砌，从而影响细胞壁的黏弹性响应（Sun et al.，2007）。

样品夹在升温测试过程中不发生相变，因此 MP-DMA 测试 $\tan\delta/\tan\delta_{\min}$ 曲线中任何峰和阶梯转变都归因于木材纤维。由图 2-5（b）所示，HR 和 WF 的松弛响应曲线形貌与木片在一定程度上相似，但是，β 松弛峰向高温方向移动，且峰形变宽。去半纤维素后，HR 的 β 松弛峰强度降低，进一步去除木质素后，αC 的 β 松弛消失。由此我们推测，木材纤维的 β 松弛主要来源于半纤维素和木质素分子的运动。我们有趣地发现，去木质素后，HC 的 β 松弛峰明显地分裂为两个峰。这是由于半纤维素被包埋在连续的木质素中，当木质素被提取后，半纤维素大分子链之间存在大量自由体积，这就有利于半纤维素大分子链的链段在加热过程中发生平动和转动（Horvath et al.，2011）。这一结果表明，木材纤维的 β 松弛主要来自半纤维素和（微量）水分之间的相互作用，这是由于在细胞壁主成分中半纤维素的极性最强，这与 Sun 等（2007）的推测是一致的。除 αC 外，在其他三种纤维的 α 松弛峰左侧 160℃左右出现一肩峰，说明此肩峰来自于半纤维素和木质素的松弛。

2.3.3.2 MP-DMA 分析[Emim]Cl 处理纤维的热可逆性

图 2-6 为用 MP-DMA 测试[Emim]Cl 处理 αC 和 WF 的热可逆性。从图中可以

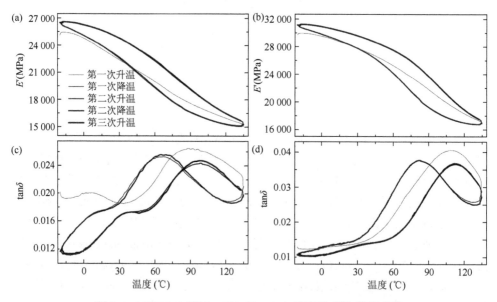

图 2-6 MP-DMA 测试 αC/IL 和 WF/IL 的连续升温/降温曲线
（a）αC/IL 的 E'；（b）WF/IL 的 E'；（c）αC/IL 的 $\tan\delta$；（d）WF/IL 的 $\tan\delta$

看出，第二次升温和第三次升温过程的 E' 和 $\tan\delta$ 曲线几乎重合，表明这两次升温过程中纤维没有发生明显变化，这就提示[Emim]Cl 处理 αC 和 WF 的热转变可能是可逆过程。但是第一次升温曲线明显不同，可能是因为仅仅浸渍处理之后[Emim]Cl 在纤维中的扩散可能尚未结束（尚未达到热力学平衡），同时[Emim]Cl 与纤维之间的相互作用也未达到热力学平衡。此外，纤维中的微量残留水分也可能影响测试结果。当处理纤维经历第一次升温之后上述过程达到了热力学平衡。第一次降温和第二次降温曲线的重合进一步证实了经第一次升温后，纤维达到了热力学平衡。

与降温曲线相比，升温曲线向高温方向移动，说明在温度斜坡测试中发生了热滞后。升温过程中，样品的实际温度低于程序设定温度，而降温过程中恰好相反。但是，当样品在终点温度（–20℃和135℃）下平衡 5min 后，升温和降温曲线在此温度下不存在差异，此时样品具有充足的时间达到热力学平衡。在更低的温度变化速率下，升温和降温曲线将会更接近。由此推断，当[Emim]Cl 处理纤维达到热力学平衡后，E' 和 $\tan\delta$ 响应均是可逆的。

2.3.3.3　DSC、传统 DMA 和 MP-DMA 对比分析

图 2-7 和图 2-8（a）分别为用 MP-DMA 测试[Emim]Cl 处理杨木纤维和用传统 DMA 测试[Emim]Cl 处理木片的 E'/E'_{max} 和 $\tan\delta/\tan\delta_{min}$ 的可重复性。对于 E'/E'_{max} 的可重复性，传统 DMA 测试优于 MP-DMA 测试。这是由于极性纤维容易团聚，很难均

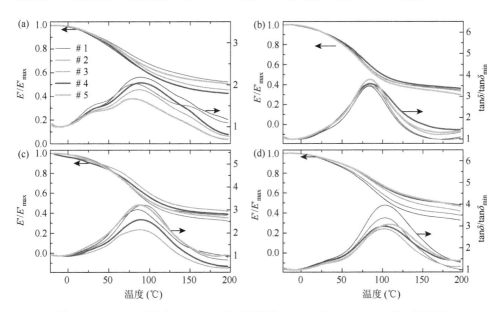

图 2-7　MP-DMA 测试[Emim]Cl 处理纤维的 E'/E'_{max} 和 $\tan\delta/\tan\delta_{min}$ 的可重复性
（a）αC/IL；（b）HC/IL；（c）HR/IL；（d）WF/IL；重复次数=5
#1~#5 为 5 次重复实验编号

匀地分布在样品夹内。然而对于 $tan\delta/tan\delta_{min}$ 的可重复性，MP-DMA 测试却优于传统 DMA 测试，这是由于损耗因子与样品的尺寸无关。此外，由于木材的各向异性，实木的动态力学响应在径向和弦向存在差异（Backman and Lindberg, 2001; Placet et al., 2007; Sun et al., 2007）。因此，MP-DMA 技术在样品制备上具有优势。

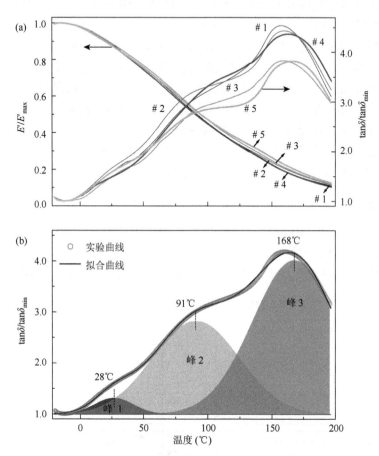

图 2-8　（a）传统 DMA 测试[Emim]Cl 处理木片 E'/E'_{max} 和 $tan\delta/tan\delta_{min}$ 的可重复性（重复次数=5，#1～#5 为 5 次重复实验编号）；（b）$tan\delta/tan\delta_{min}$ 平均曲线的高斯去卷积拟合

对于[Emim]Cl 处理样品，DSC 只能在 70℃左右检测到一个相转变，且转变温度范围为 5℃左右（图 2-4），而 DMA（传统 DMA 和 MP-DMA）在同样的测试温度范围内，能够检测到三个相转变（图 2-7 和图 2-8）。这就说明用于研究木质纤维材料的相转变时，DMA 比 DSC 更加灵敏，这是由于 DSC 在检测幅度低于热传导波长（15～30nm）的分子运动时受到限制（Kemal et al., 2011）。

如表 2-2 所示，MP-DMA 测试[Emim]Cl 处理纤维所得 $tan\delta/tan\delta_{min}$ 曲线的主

峰（峰2）温度高出 DSC 测试所得 $T_{g,mid}$ 10℃以上，这主要归因于频率效应（Kelley et al.，1987；Salmén，1984）。DMA 信号是样品内部分子运动和松弛行为的表现。测试过程中分子运动（链段平动和转动）的频率与仪器施加给样品夹的振荡频率是一致的，也就是说，在频率 1Hz 下测试所得相变峰意味着分子运动的松弛周期为 1s（Royall et al.，2005）。相反地，DSC 在 10℃/min 的升温速率下所测得相变对应分子运动的松弛周期为 100s（0.01Hz）。因此，DMA 检测到的相变温度比 DSC 的高，因为在较短的时间内，相变需要较高的能量。

如图 2-9（b）和表 2-2 所示，MP-DMA 测试[Emim]Cl 处理 WF 和传统 DMA 测试[Emim]Cl 处理木片的松弛峰位置和形状均不相同。例如，前者的三个峰分别位于 33℃、102℃和 157℃，而后者分别位于 28℃、91℃和 168℃。玻璃化转变受动力学控制，其峰位置和形状反映了材料的性质对特定测试条件的响应。从这个意义上来说，不同的测试技术将得到不同的玻璃化转变温度。此外，样品形态（纤维状和片状）也会影响测试结果。

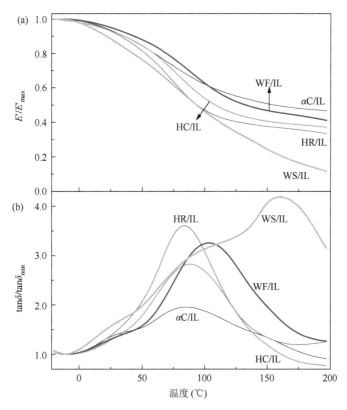

图 2-9 [Emim]Cl 处理杨木纤维和木条的 DMA 曲线（5 次测试平均值）

(a) E'/E'_{max}；(b) $\tan\delta/\tan\delta_{min}$

MP-DMA 测试[Emim]Cl 处理 WF 的主峰大致位于 102℃，而传统 DMA 测试[Emim]Cl 处理木片的主峰位于 168℃左右［图 2-9（b）和表 2-2］。参考 DSC 测试结果，WF 的 $T_{\text{g, mid}}$ 为 70℃左右，传统 DMA 所得主峰温度远远高于此温度。此外，我们的前期研究显示，[Emim]Cl 增重率为 36%的杨木边材在升温（3℃/min）压缩测试过程中，其软化温度为 68℃（Ou et al.，2014a），与 MP-DMA 测试结果比较接近。

2.3.3.4 [Emim]Cl 处理纤维的 MP-DMA 分析

如图 2-10 所示，比较[Emim]Cl 处理前后纤维的 E'/E'_{max} 可以看出，纤维经[Emim]Cl 处理后，E'/E'_{max} 大幅降低，且随着温度的升高降幅增大，说明在高温下，[Emim]Cl 破坏了纤维的氢键体系，使得纤维刚性大幅降低。

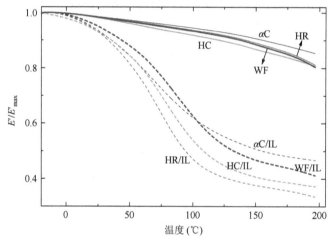

图 2-10　[Emim]Cl 处理前后杨木纤维的 E'/E'_{max} 比较（5 次测试平均曲线）

如图 2-9（a）所示，当温度高于主峰（峰 2）温度时，[Emim]Cl 处理纤维的 E'/E'_{max} 呈如下变化趋势：αC/IL＞WF/IL＞HC/IL＞HR/IL。一般来说，木材纤维的刚性主要来自于结晶纤维素。半纤维素主要包覆在纤维素微纤丝（CMF）表面，当半纤维素被碱液提取后，HR 中更多的 CMF 被暴露，[Emim]Cl 渗入 CMF 中，破坏无定形和结晶纤维素中的分子内和分子间氢键，从而降低了结晶纤维素的刚性（Swatloski et al.，2002）。当木质素被提取后，半纤维素仍然包覆在 CMF 表面，[Emim]Cl 渗入 HC 中的 CMF 比渗入 HR 中的 CMF 困难，但是比 WF 容易得多，因此 HR/IL 表现出最低的 E'/E'_{max}。当半纤维素和木质素同时被提取后，虽然 αC 中大部分 CMF 暴露在外，但是 αC/IL 的 E'/E'_{max} 最大。这是由于 αC 具有最高的结晶度，而结晶纤维素比半纤维素和木质素抵抗[Emim]Cl 作用的能力更强。

图 2-11 为 MP-DMA 测试[Emim]Cl 处理纤维的 $\tan\delta/\tan\delta_{\text{min}}$ 平均曲线及其高斯

去卷积拟合曲线。如图2-11所示，四种纤维均出现三个松弛峰，对于组成复杂的大分子材料，力学松弛过程较宽，其中两个肩峰与主峰重叠。据我们所知，这是第一次用实验证据发现在0~200℃温度范围内，纤维素和木材纤维均表现出三个明显的力学松弛峰。由图2-11（a）可见，αC/IL在27℃处出现一肩峰，而在2.3.3.1节中用MP-DMA测试干燥αC时发现，αC在30℃左右的β松弛峰消失，由此可以推断，αC/IL在27℃的松弛可能归因于残留在样品中的水分和[Emim]Cl对无定形纤维素共同塑化的结果。87℃处的主峰可能归因于[Emim]Cl塑化无定形纤维素的松弛，而主峰右侧处肩峰可能归因于[Emim]Cl溶解结晶纤维素的松弛。

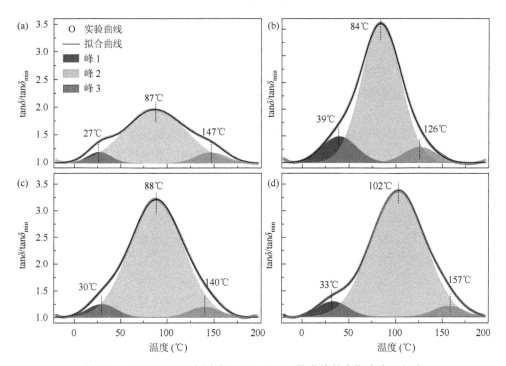

图2-11 MP-DMA 5次测试 $\tan\delta/\tan\delta_{min}$ 平均曲线的高斯去卷积拟合
（a）αC/IL（R=0.9988）；（b）HC/IL（R=0.9994）；（c）HR/IL（R=0.9996）；（d）WF/IL（R=0.9999）

HC/IL、HR/IL 和 WF/IL 这三种[Emim]Cl处理纤维的主松弛峰强度均比αC/IL显著增大[图2-11（b）~（d）]，这说明细胞壁主要组分（无定形纤维素、半纤维素和木质素）在[Emim]Cl的作用下，力学松弛发生在同一个温度区域。与其他三种纤维相比，WF/IL的主峰出现在较高温度，这说明细胞壁结构的完整性能够赋予木材较高的相变温度。当木质素被提取后，HC/IL的主峰强度较WF/IL提高，而去除半纤维素使HR/IL的主峰强度较WF/IL略有降低，说明[Emim]Cl对半纤维素较木质素有更强的亲和力。我们的前期研究证明，这些热转变不是由[Emim]Cl

的熔化，以及[Emim]Cl 和（或）细胞壁大分子的热降解所致（Ou et al., 2014a），而是由于[Emim]Cl 破坏了无定形纤维素、结晶纤维素、半纤维素和木质素之间的氢键体系。前人推测离子液体溶解碳水化合物（纤维素和半纤维素）的机理是由于纤维素晶体内部氢键，以及葡萄糖环间的堆积作用力被纤维素羟基质子和离子液体中阴离子间强烈的氢键作用取代（Janesko, 2011; Remsing et al., 2006）。而木质素的溶解机理是由于木质素与咪唑阳离子之间的 π-π 堆叠作用（stacking）和氢键作用（Janesko, 2011; Kilpeläinen et al., 2007）。

2.4 本章小结

（1）MP-DMA 可以作为有效的检测手段直接测试粉状或纤维状木材样品的相变。

（2）未处理纤维的刚性 αC＞HR＞WF＞HC，在温度高于主转变峰温度时，[Emim]Cl 处理纤维刚性 αC/IL＞WF/IL＞HC/IL＞HR/IL，[Emim]Cl 处理后，纤维的刚性大幅降低。

（3）本研究从热动力学方面为离子液体与木材细胞壁分子之间的相互作用提供了有价值的新观点：离子液体能与无定形纤维素、结晶纤维素、半纤维素和木质素均发生相互作用。

（4）[Emim]Cl 处理纤维和木片均表现出三个松弛过程，随着温度升高依次对应于：残留水分和[Emim]Cl 与无定形纤维素间的共同相互作用，[Emim]Cl 与细胞壁无定形组分间的相互作用，以及[Emim]Cl 与结晶纤维素间的相互作用。

本研究建立的测试木材纤维玻璃化转变的方法很容易拓展到其他粉末样品体系。

参 考 文 献

何曼君, 陈维孝, 董西侠. 2006. 高分子物理. 上海：复旦大学出版社.

王清文, 欧荣贤. 2011. 木质纤维材料的热塑性改性与塑化加工研究进展. 林业科学, 47（6）：133-142.

Abiad M G, Campanella O H, Carvajal M T. 2010. Assessment of thermal transitions by dynamic mechanical analysis (DMA) using a novel disposable powder holder. Pharmaceutics, 2（2）：78-90.

Backman A, Lindberg K. 2001. Differences in wood material responses for radial and tangential direction as measured by dynamic mechanical thermal analysis. Journal of Materials Science, 36（15）：3777-3783.

Bardage S, Donaldson L, Tokoh C, et al. 2004. Ultrastructure of the cell wall of unbeaten Norway spruce pulp fibre surfaces. Nordic Pulp and Paper Research Journal, 19：448-482.

Brandt A, Ray M J, To T Q, et al. 2011. Ionic liquid pretreatment of lignocellulosic biomass with ionic liquid-water mixtures. Green Chemistry, 13（9）：2489-2499.

Donaldson L. 1994. Mechanical constraints on lignin deposition during lignification. Wood Science and Technology, 28（2）：111-118.

Fort D A, Remsing R C, Swatloski R P, et al. 2007. Can ionic liquids dissolve wood? Processing and analysis of lignocellulosic materials with 1-n-butyl-3-methylimidazolium chloride. Green Chemistry, 9 (1): 63-69.

Goring, D. A. 1963. Thermal softening of lignin, hemicellulose and cellulose. Pulp and Paper Magazine of Canada, 64: 517.

Guigo N, Mija A, Vincent L, et al. 2009. Molecular mobility and relaxation process of isolated lignin studied by multifrequency calorimetric experiments. Physical Chemistry Chemical Physics, 11 (8): 1227-1236.

Hafrén J, Fujino T, Itoh T. 1999. Changes in cell wall architecture of differentiating tracheids of Pinus thunbergii during lignification. Plant and Cell Physiology, 40 (5): 532-541.

Hafrén J, Fujino T, Itoh T, et al. 2000. Ultrastructural changes in the compound middle lamella of Pinus thunbergii during lignification and lignin removal. Holzforschung, 54 (3): 234-240.

Hatakeyama H, Hatakeyama T. 2010. Thermal properties of isolated and in situ lignin. In. Heitner C, Dimmel D, Schmidt J. Lignin and Lignans: Advances in Chemistry. New York: CRC Press, 301-316.

Horvath B, Peralta P, Frazier C, et al. 2011. Thermal softening of transgenic aspen. BioResources, 6 (2): 2125-2134.

Irvine G. 1984. The glass transitions of lignin and hemicellulose and their measurement by differential thermal analysis. Tappi Journal, 67 (5): 118-121.

Janesko B G. 2011. Modeling interactions between lignocellulose and ionic liquids using DFT-D. Physical Chemistry Chemical Physics, 13 (23): 11393-11401.

Jebrane M, Harper D, Labbé N, et al. 2011. Comparative determination of the grafting distribution and viscoelastic properties of wood blocks acetylated by vinyl acetate or acetic anhydride. Carbohydrate Polymers, 84 (4): 1314-1320.

Jiang J, Lu J, Yan H. 2008. Dynamic viscoelastic properties of wood treated by three drying methods measured at high-temperature range. Wood and Fiber Science, 40 (1): 72-79.

Junior C S, Milagres A M F, Ferraz A, et al. 2013. The effects of lignin removal and drying on the porosity and enzymatic hydrolysis of sugarcane bagasse. Cellulose, 20 (6): 3165-3177.

Kalashnik A, Papkov S, Rudinskaya G, et al. 1991. Liquid crystal state of cellulose. Polymer Science USSR, 33 (1): 107-112.

Kalichevsky M, Jaroszkiewicz E, Ablett S, et al. 1992. The glass transition of amylopectin measured by DSC, DMTA and NMR. Carbohydrate Polymers, 18 (2): 77-88.

Kaliyan N, Morey R V. 2010. Natural binders and solid bridge type binding mechanisms in briquettes and pellets made from corn stover and switchgrass. Bioresource Technology, 101 (3): 1082-1090.

Karing V A, Kozlov P V, Wan N-T. 1960. Investigation of the glass phase transition temperature in cellulose. Doklady Akad Nauk SSSR, 130: 356-358.

Kaushik A, Singh M, Verma G. 2010. Green nanocomposites based on thermoplastic starch and steam exploded cellulose nanofibrils from wheat straw. Carbohydrate Polymers, 82 (2): 337-345.

Kelley S S, Rials T G, Glasser W G. 1987. Relaxation behaviour of the amorphous components of wood. Journal of Materials Science, 22 (2): 617-624.

Kemal E, Adesanya K O, Deb S. 2011. Phosphate based 2-hydroxyethyl methacrylate hydrogels for biomedical applications. Journal of Materials Chemistry, 21 (7): 2237-2245.

Kilpeläinen I, Xie H, King A, et al. 2007. Dissolution of wood in ionic liquids. Journal of Agricultural and Food Chemistry, 55 (22): 9142-9148.

Lam P S, Lam P Y, Sokhansanj S, et al. 2013. Mechanical and compositional characteristics of steam-treated Douglas fir

(*Pseudotsuga menziesii* L.) during pelletization. Biomass and Bioenergy, 56 (0): 116-126.

Mahlin D, Wood J, Hawkins N, et al. 2009. A novel powder sample holder for the determination of glass transition temperatures by DMA. International Journal of Pharmaceutics, 371 (1): 120-125.

Menard K P. 1999. Dynamic mechanical analysis: A practical introduction. London: CRC Press.

Obataya E, Furuta Y, Gril J. 2003. Dynamic viscoelastic properties of wood acetylated with acetic anhydride solution of glucose pentaacetate. Journal of Wood Science, 49 (2): 152-157.

Östberg G, Salmen L, Terlecki J. 1990. Softening temperature of moist wood measured by differential scanning calorimetry. Holzforschung, 44 (3): 223-225.

Ou R, Xie Y, Wang Q, et al. 2014a. Thermoplastic deformation of ionic liquids plasticized poplar wood measured by a non-isothermal compression technique. Holzforschung, 68 (5): 555-566.

Ou R, Xie Y, Wolcott M P, et al. 2014b. Effect of wood cell wall composition on the rheological properties of wood fiber/high density polyethylene composites. Composites Science and Technology, 93: 68-75.

Oudiani A E, Chaabouni Y, Msahli S, et al. 2011. Crystal transition from cellulose I to cellulose II in NaOH treated *Agave americana* L. fibre. Carbohydrate Polymers, 86 (3): 1221-1229.

Paes S S, Sun S, MacNaughtan W, et al. 2010. The glass transition and crystallization of ball milled cellulose. Cellulose, 17 (4): 693-709.

Placet V, Passard J, Perré P. 2007. Viscoelastic properties of green wood across the grain measured by harmonic tests in the range 0~95℃: hardwood vs. softwood and normal wood vs. reaction wood. Holzforschung, 61 (5): 548-557.

Pu Y, Jiang N, Ragauskas A J. 2007. Ionic liquid as a green solvent for lignin. Journal of Wood Chemistry and Technology, 27 (1): 23-33.

Qin C, Soykeabkaew N, Xiuyuan N, et al. 2008. The effect of fibre volume fraction and mercerization on the properties of all-cellulose composites. Carbohydrate Polymers, 71 (3): 458-467.

Quintana G, Velásquez J, Betancourt S, et al. 2009. Binderless fiberboard from steam exploded banana bunch. Industrial Crops and Products, 29 (1): 60-66.

Remsing R C, Swatloski R P, Rogers R D, et al. 2006. Mechanism of cellulose dissolution in the ionic liquid 1-n-butyl-3-methylimidazolium chloride: a ^{13}C and $^{35/37}$Cl NMR relaxation study on model systems. Chemical Communications, 12: 1271-1273.

Rong M Z, Zhang M Q, Liu Y, et al. 2001. The effect of fiber treatment on the mechanical properties of unidirectional sisal-reinforced epoxy composites. Composites Science and Technology, 61 (10): 1437-1447.

Royall P G, Huang C Y, Tang S W, et al. 2005. The development of DMA for the detection of amorphous content in pharmaceutical powdered materials. International Journal of Pharmaceutics, 301 (1): 181-191.

Salmén L. 1984. Viscoelastic properties of in situ lignin under water-saturated conditions. Journal of Materials Science, 19 (9): 3090-3096.

Samayam I P, Hanson B L, Langan P, et al. 2011. Ionic-liquid induced changes in cellulose structure associated with enhanced biomass hydrolysis. Biomacromolecules, 12 (8): 3091-3098.

Satheesh Kumar M N, Mohanty A, Erickson L, et al. 2009. Lignin and its applications with polymers. Journal of Biobased Materials and Bioenergy, 3 (1): 1-24.

Schrems M, Brandt A, Welton T, et al. 2011. Ionic liquids as media for biomass processing: Opportunities and restrictions. Holzforschung, 65 (4): 527-533.

Segal L, Creely J, Martin A, et al. 1959. An empirical method for estimating the degree of crystallinity of native cellulose using the X-ray diffractometer. Textile Research Journal, 29 (10): 786-794.

Shams M I, Yano H. 2011. Compressive deformation of phenol formaldehyde (PF) resin-impregnated wood related to the molecular weight of resin. Wood Science and Technology, 45 (1): 73-81.

Silalai N, Roos Y H. 2011. Mechanical relaxation times as indicators of stickiness in skim milk-maltodextrin solids systems. Journal of Food Engineering, 106 (4): 306-317.

Soutari N, Buanz A, Gul M O, et al. 2012. Quantifying crystallisation rates of amorphous pharmaceuticals with dynamic mechanical analysis (DMA). International Journal of Pharmaceutics, 423 (2): 335-340.

Stelte W, Clemons C, Holm J K, et al. 2011. Thermal transitions of the amorphous polymers in wheat straw. Industrial Crops and Products, 34 (1): 1053-1056.

Stelte W, Clemons C, Holm J K, et al. 2012. Fuel pellets from wheat straw: The effect of lignin glass transition and surface waxes on pelletizing properties. BioEnergy Research, 5 (2): 450-458.

Sticklen M B. 2008. Plant genetic engineering for biofuel production: Towards affordable cellulosic ethanol. Nature Reviews Genetics, 9 (6): 433-443.

Sugiyama M, Norimoto M. 1996. Temperature dependence of dynamic viscoelasticities of chemically treated woods. Mokuzai Gakkaishi, 42: 1049-1056.

Sugiyama M, Obataya E, Norimoto M. 1998. Viscoelastic properties of the matrix substance of chemically treated wood. Journal of Materials Science, 33 (14): 3505-3510.

Sun N, Das S, Frazier C E. 2007. Dynamic mechanical analysis of dry wood: Linear viscoelastic response region and effects of minor moisture changes. Holzforschung, 61 (1): 28-33.

Sun N, Rahman M, Qin Y, et al. 2009. Complete dissolution and partial delignification of wood in the ionic liquid 1-ethyl-3-methylimidazolium acetate. Green Chemistry, 11 (5): 646-655.

Swatloski R P, Spear S K, Holbrey J D, et al. 2002. Dissolution of cellose with ionic liquids. Journal of the American Chemical Society, 124 (18): 4974-4975.

Szcześniak L, Rachocki A, Tritt-Goc J. 2008. Glass transition temperature and thermal decomposition of cellulose powder. Cellulose, 15 (3): 445-451.

Takahashi I, Sugimoto T, Takasu Y, et al. 2010. Preparation of thermoplastic molding from steamed Japanese beech flour. Holzforschung, 64 (2): 229-234.

Tan S S, MacFarlane D R, Upfal J, et al. 2009. Extraction of lignin from lignocellulose at atmospheric pressure using alkylbenzenesulfonate ionic liquid. Green Chemistry, 11 (3): 339-345.

Tanahashi M. 1990. Characterization and degradation mechanisms of wood components by steam explosion and utilization of exploded wood. Wood Research, 77: 49-117.

TAPPI Test Method T 203 om-93. 1994. Alpha-, beta-and gamma-cellulose in pulp. Atlanta, Georgia, USA: TAPPI Press.

Vittadini E, Dickinson L C, Chinachoti P. 2001. 1H and 2H NMR mobility in cellulose. Carbohydrate Polymers, 46 (1): 49-57.

Wang Q, Ou R, Shen X, et al. 2011. Plasticizing cell walls as a strategy to produce wood-plastic composites with high wood content by extrusion processes. BioResources, 6 (4): 3621-3622.

Warren F J, Royall P G, Butterworth P J, et al. 2012. Immersion mode material pocket dynamic mechanical analysis (IMP-DMA): A novel tool to study gelatinisation of purified starches and starch-containing plant materials. Carbohydrate Polymers, 90 (1): 628-636.

Wen J L, Yuan T Q, Sun S L, et al. 2014. Understanding the chemical transformations of lignin during ionic liquid pretreatment. Green Chemistry, 16: 181-190.

Wise L E, Murphy M, d'Addieco A A. 1946. Chlorite holocellulose, its fractionnation and bearing on summative wood analysis and on studies on the hemicelluloses. Paper Trade Journal, 122 (2): 35-43.

Wolcott M P, Shutler E L. 2003. Temperature and moisture influence on compression-recovery behavior of wood. Wood and Fiber Science, 35 (4): 540-551.

Yu Z, Jameel H, Chang H M, et al. 2011. The effect of delignification of forest biomass on enzymatic hydrolysis. Bioresource Technology, 102 (19): 9083-9089.

Zhu S, Wu Y, Chen Q, et al. 2006. Dissolution of cellulose with ionic liquids and its application: A mini-review. Green Chemistry, 8 (4): 325-327.

第3章 离子液体塑化杨木的热塑性变形

3.1 引 言

木质纤维材料主要由纤维素、半纤维素和木质素三种天然高分子化合物组成。纤维素线性大分子结构的高度规整性和大量羟基的存在,使得纤维素具有较高的结晶度,构成木质纤维的基本骨架;起到黏结和增强作用的无定形基体半纤维素和三维网状结构的木质素,与纤维素一道形成了木质纤维材料特有的微观结构。这种特有的化学组成和结构,使得木质纤维材料具有较高强重比(Koehler and Telewski,2006)。在通常条件下,木质纤维材料既不能溶解于普通溶剂也不能通过挤出或模压等方式进行熔融加工,具有一定的刚性。这就阻碍了木质纤维材料高效利用加工方式的开发(Edgar et al.,2001)。热塑性塑料的塑性加工能够实现100%的原料利用率。如果木质纤维材料能够以类似于热塑性塑料的方式进行加工,在高温和外力作用下热塑性显著增强,而当冷却至常温时,木质纤维材料重新获得其固有的物理力学性能,其加工效率将大幅提高(Wang et al.,2011;王清文和欧荣贤,2011)。

增塑剂对于提高木质纤维材料的热塑性至关重要。目标增塑剂必须对细胞壁大分子具有很强的亲和力,并且能够通过物理方式改变细胞壁结构(Immergut and Mark,1965)。液氨对木材的塑化作用非常显著(Pentoney,1966;Schuerch et al.,1966),木材经液氨塑化后很容易弯曲形成复杂的形状,且产生永久形变(Bariska and Schuerch,1977)。但是液氨具有挥发性和毒性,影响操作人员的人身健康,还会污染环境。水也可以软化木材(Kelley et al.,1987),但是木材经水热弯曲定型后,外界束缚力一旦释放,形变将大幅恢复。酯化、苄基化、醚化等化学改性可使木质纤维材料转化为可熔的新一类高分子材料(Shiraishi,2001)。此类化学改性的木质纤维材料,有的具有较大的热塑性和类似热塑性塑料一样的加工性能,不过其代价是化学改性造成的分子结构变化使材料丧失了某些固有的优良属性,同时需要昂贵的反应器,过程复杂,至今未能实现产业化。

近年来,离子液体(IL),作为一类环境友好的"绿色溶剂",能够溶解纤维素(Swatloski et al.,2002)、木质素(Pu et al.,2007)、半纤维素(Peng et al.,2010),甚至木材(Fort et al.,2007;Kilpeläinen et al.,2007;Sun et al.,2009)。在175~195℃的高温下,甘蔗渣和美国南方松均能快速地溶解于1-乙基-3-甲基咪唑乙酸盐中(Li et al.,2011)。IL基有机电解质溶液能够在几分钟内溶解10wt%的纤维素(Rinaldi,2011)。除了IL优异的溶解性能外,木材或纤维素经IL处理后呈现出许多有用的特性, 如导电性能提高 (Croitoru et al., 2011; Li et al., 2004), 或具有抑菌或抗微生物活性 (Foksowicz-Flaczyk and Walentowska, 2013; Pernak et al., 2004)、阻燃 (Miyafuji and Fujiwara, 2013) 和抗紫外线降解 (Patachia et al., 2012) 的性能。

细胞壁组分中多酚类木质素和糖类化合物这两种体系的溶解特性截然不同, 但是 IL 独特的溶解性能能够同时满足这两种体系 (Kilpeläinen et al., 2007; Peng et al., 2010; Pu et al., 2007; Sun et al., 2009; Swatloski et al., 2002)。通过瓦解纤维素结晶区、无定形糖类和木质素中的氢键体系 (Janesko, 2011; Kilpeläinen et al., 2007; Remsing et al., 2006), IL 能够溶胀和软化木材细胞壁 (Lucas et al., 2010, 2011; Miyafuji and Suzuki, 2012), 使得细胞壁大分子在高温和外界应力作用下发生滑移。此外, 木质纤维材料的塑性加工要求在提高细胞壁热塑性的同时, 不破坏细胞壁结构, 保持木质纤维材料固有的优良属性, 这对于产品性能至关重要 (Gacitua et al., 2010)。

本章将在第 2 章得出结论的基础上, 采用 IL 作为塑化剂处理杨木边材, 通过旋转流变仪采用升温压缩测试模式来研究 IL 对木材的原位动态塑化, 探索木质纤维材料的动态塑化机理。

3.2 实验部分

3.2.1 主要原料

(1) 木材树种: 15 年杂交杨木 (*Populus ussuriensis* Kom.), 2011 年 11 月采伐自美国华盛顿州 Pullman 的林场。

(2) 离子液体 (IL): 氯化 1-乙基-3-甲基咪唑 ([Emim]Cl), 纯度 99.0%, 熔点 87℃; 氯化 1-乙基-2, 3-二甲基咪唑 ([Edmim]Cl), 纯度 99.0%, 熔点 188℃; 氯化 1-(2-羟乙基)-3-甲基咪唑 ([Hemim]Cl), 纯度 99.0%, 熔点 88℃; 氯化 1-苄基-3-甲基咪唑 ([Bzmim]Cl), 纯度 99.0%, 熔点 76℃, 中国科学院兰州物理化学研究所。离子液体的化学结构模型如图 3-1 所示。

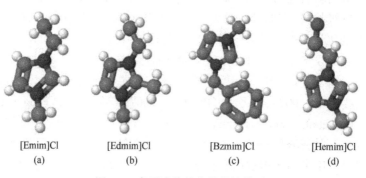

图 3-1 离子液体的化学结构模型

3.2.2 主要仪器及设备

本章所用的主要仪器及设备见表 3-1。

表 3-1 主要仪器及设备

名称	型号	生产厂家
旋转流变仪	Discovery HR-2	TA Instruments，USA
差示扫描量热仪	DSC822e	Mettler Toledo，USA
热重分析仪	SDTQ600	TA Instruments，USA
场发射扫描电子显微镜	Quanta 200F	FEI Co.，Holland
X射线衍射仪	D/max 2200	Rigaku，Tokyo，Japan

3.2.3 木材样品的制备

从新伐杨木胸高（130cm）处锯取约 20cm 厚的圆盘。圆柱形试件取自边材，制备方法如图 3-2 所示，试件厚度为 8mm（径向），直径为 8mm。为排除木材变异性，每个试件均取自心材外侧部分的两个相同生长轮。处理前，试件在 105℃下干燥 24h。

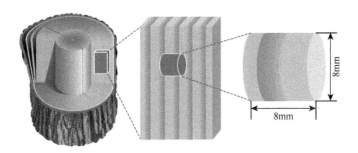

图 3-2 木材样品制备示意图（尺寸不是按比例绘制）

3.2.4 木材样品的处理

将一定量的 IL 溶于无水乙醇，搅拌形成均匀溶液。将干燥试件放入盛有溶液的烧杯中，将烧杯放入真空干燥器中，抽真空至试件沉至烧杯底部，然后在室温大气环境下静置 24h 将样品完全浸透。处理试件在 65℃下真空干燥 24h，增重率分别为 6%、18% 和 36%。用 Wiley 磨将部分素材和 IL 处理试件粉碎成 60 目的粉末，用于热重分析（TGA）和差示扫描量热（DSC）测试。所有样品在测试前先在装有 P_2O_5 的干燥器中干燥 7 天。

3.2.5 表征方法

3.2.5.1 升温压缩测试

采用 Discovery HR-2 型旋转流变仪（TA Instruments，USA）对样品进行升温压缩测试，测试氛围为干燥空气。将圆柱形试件放置在两平行板（直径为 8mm）之间，上板对试件施加 40N（796kPa）的恒定法向应力，从 25℃以 3℃/min 的速率升温至 200℃，升温过程中记录试件在法向应力作用下厚度的变化（压缩测试示意图如图 3-3 所示）。不锈钢平板的热膨胀率为 0.5μm/℃。对每种试件的新样品重复测试 3 次，取平均值。

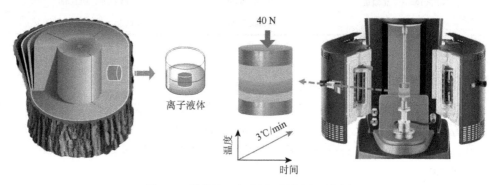

图 3-3　样品处理和升温压缩测试示意图

采用式（3-1）对样品的压缩应变（ε_c）进行计算：

$$\varepsilon_c(T) = -\frac{(l_T - l_o) + 0.5\Delta T}{l_o} \quad (3\text{-}1)$$

其中，$\varepsilon_c(T)$ 为随温度变化的压缩应变；l_o（μm）为样品的原始厚度；l_T（μm）为温度为 T 时的厚度；ΔT（℃）为温度变化；$0.5\Delta T$（μm）为钢板的热膨胀。

升温压缩测试后，用上下平板将样品的最终厚度 l_f（μm）固定，然后打开 ETC 炉体，将样品冷却至室温，然后在 23℃和 65%的相对湿度下放置 7 天，根据式（3-2）测定压缩样品的应变恢复（RS）：

$$RS = \frac{l_r - l_f}{l_o - l_f} \quad (3\text{-}2)$$

其中，l_r（μm）为压缩样品放置 7 天后的厚度。

3.2.5.2 DSC 分析

采用 DSC822e 型热流式差示扫描量热仪（Mettler Toledo，USA）在氮气氛围中对纯 IL 和处理木材中 IL 的结晶和熔融温度进行测试。样品质量约 8mg，氮气流量为 80mL/min，降温过程采用液氮冷却。测试程序分三步：首先将样品从 25℃升温（10℃/min）至135℃（对于[Edmim]Cl升温至200℃），恒温5min排除水分和消除热历史的影响；然后以10℃/min降温至–40℃，恒温2min；最后以10℃/min升温至200℃。第一次降温和第二次升温曲线分别用来测定样品的结晶温度（T_c）和熔融温度（T_m），取第二次升温曲线中玻璃化转变区域的中点温度（$T_{g,mid}$）为样品的玻璃化转变温度。对每种试件的新样品重复测试3次，取平均值。

3.2.5.3 TGA分析

采用SDTQ600型热重分析仪（TA Instruments，USA）对样品的热稳定性进行测试。为了与升温压缩测试条件保持一致，测试氛围为干燥空气（流量为100mL/min），升温速率为3℃/min，从室温以升温至600℃，样品重量为6~8mg。对每种试件的新样品重复测试3次，取平均值。

3.2.5.4 微观形貌分析

用剃须刀将未压缩和压缩样品制备成横切面，将其放置在样品托上，并用导电碳胶粘牢，然后放入真空镀膜仪中蒸发喷金膜。采用Quanta 200F型场发射扫描电子显微镜（FE-SEM，FEI Co., USA）在加速电压为30kV下观察其形貌特征。

3.2.5.5 X射线衍射（XRD）分析

采用D/max 2200型X射线衍射仪（Rigaku, Tokyo, Japan）对样品进行物相分析。具体测试参数为：Cu靶K_α辐射，$\lambda=1.5406$Å，加速器电压为40kV，管电流为30mA，扫描范围为$2\theta=5°$~$40°$，扫描速率为1°/min。根据Segal方法计算样品的相对结晶度CrI（Segal et al., 1959）。

3.3 离子液体处理杨木纤维塑性变形的影响

3.3.1 升温压缩测试

图3-4为素材和IL处理木材的压缩应变随温度变化关系。在本研究中，定义样品的软化温度（T_s）是压缩应变（ε_c）为0.03时对应的温度。对于无定形聚合物，软化温度因测量条件而异，如施加压力和升温速率（Shiraishi, 2001）。对于素材，细胞壁结构在40N的载荷下相对稳定，在25~220℃的测试温度范围内没有检测到T_s。这与干燥细胞壁组分的高软化点相符合，干燥的木质素、半纤维素和纤维素的软化点分别为约205℃、150~220℃和200~250℃（Back, 1982; Goring, 1963; Kelley et al., 1987）。由于木材结构复杂，其软化温度比单一细胞壁组分要高得多（Shiraishi, 2001）。这就说明细胞壁大分子之间的相互作用（氢键和LCC）赋予了木材较高的软化温度（Kelley et al., 1987; Ou et al., 2014）。我们的前期研究结果发现，[Emim]Cl塑化木粉的玻璃化转变温度比[Emim]Cl塑

化提取细胞壁组分的纤维的玻璃化转变温度要高（Ou et al.，2014）。

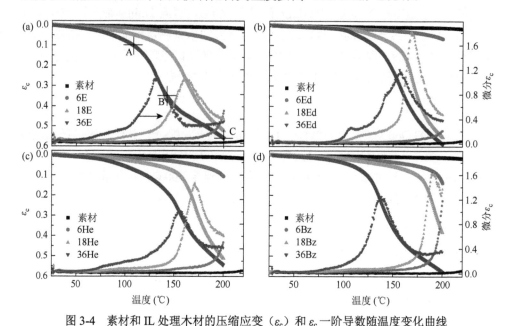

图 3-4　素材和 IL 处理木材的压缩应变（ε_c）和 ε_c 一阶导数随温度变化曲线
(a)[Emim]Cl；(b)[Edmim]Cl；(c)[Hemim]Cl；(d)[Bzmim]Cl
A、B 和 C 点对应的温度分别为 108℃、142℃和 200℃；E、Ed、He、Bz 分别代表[Emim]Cl、[Edmim]Cl、[Hemim]Cl、[Bzmim]Cl，其左边的数字代表增重率，下同

如图 3-4 所示，IL 处理木材的 ε_c 随着 IL 浓度的增加而增大，同时 T_s 和压缩应变随温度变化曲线的一阶导数曲线的峰温度 T_p 随 IL 浓度的增加而降低。在同一 IL 增重率下，[Emim]Cl 处理木材的 T_s 和 T_p 最低。例如，增重率（WPG）为 6%、18%和 36%的[Emim]Cl 处理木材的 T_s 分别为 135℃、91℃和 68℃，WPG 为 18%和 36%的[Emim]Cl 处理木材的 T_p 分别为 161℃和 132℃。IL 处理木材压缩行为的变化是由于纤维素晶区和非晶区，以及无定形基体半纤维素和木质素中氢键体系被破坏（Kanbayashi and Miyafuji，2013；Lucas et al.，2010，2011；Miyafuji and Suzuki，2012；Ou et al.，2015），从而提高了细胞壁大分子链的柔顺性。在高温下，IL 的塑化作用更加强烈，细胞壁大分子在外力的作用下能够发生滑移从而表现出更高的 ε_c。前人推测离子液体溶解多糖（纤维素和半纤维素）的机理是由于纤维素晶体内部氢键，以及葡萄糖环间的堆积作用力被纤维素羟基质子和离子液体中阴离子间强烈的氢键作用取代（Janesko，2011；Remsing et al.，2006）。而木质素的溶解机理是由于木质素与咪唑阳离子之间的 π-π 堆叠作用和氢键作用（Janesko，2011；Kilpeläinen et al.，2007）。

当 WPG 为 6%时，[Bzmim]Cl 处理木材在 200℃的 ε_c 最大。在较低 WPG 时，IL 主要被细胞壁无定形组分所吸附，木材的软化主要归因于原位木质素的玻璃化转变（Salmén，1984）。当[Bzmim]Cl 阳离子的咪唑环与木质素的苯环平行地相互靠近的时候，能够产生 π-π 堆叠作用而产生较强的结合，[Bzmim]Cl 比其他三种 IL 对木质素具有更强的亲和力（Janesko，2011；Kilpeläinen et al.，2007），[Bzmim]Cl 处理木材表现出较大的 ε_c。当 WPG 大于 18%时，继续增加 IL 浓度对木材的 ε_c 影响不大。这主要由于在高 WPG 下，过量的 IL 积聚在细胞腔内，对细胞壁的热塑性变形没有实质性的贡献。但是[Bzmim]Cl 处理样品并没有表现出这一现象[图 3-4（d）]，这是因为[Bzmim]Cl 在四种 IL 中摩尔质量最大，当 WPG 相同时其分子数量最少，在 WPG=18%时，[Bzmim]Cl 在细胞壁内并没有达到饱和而表现出最低的 ε_c，当[Bzmim]Cl 浓度继续增加上，ε_c 仍能大幅增加。在较高 WPG 下，不同 IL 处理木材的 ε_c 没有明显差异（表 3-2）。

表 3-2　木材样品的软化温度（T_s）、压缩应变（ε_c）和峰温度（T_p）

样品名称	IL	WPG（%）	T_s（℃）	ε_c（200℃）	T_p（℃）[a]
素材	—	0	—	0.0125±0.0002	>220
6E	[Emim]Cl	6	135±1.9	0.106 6±0.001 8	>200
6Ed	[Edmim]Cl	6	158±0.3	0.067 3±0.000 1	>200
6He	[Hemim]Cl	6	144±0.2	0.103 0±0.004 7	>200
6Bz	[Bzmim]Cl	6	139±0.6	0.127 9±0.014 0	>200
18E	[Emim]Cl	18	91±2.9	0.518 1±0.006 5	161
18Ed	[Edmim]Cl	18	115±1.1	0.552 8±0.000 4	168
18He	[Hemim]Cl	18	101±1.5	0.516 6±0.007 0	171
18Bz	[Bzmim]Cl	18	117±1.5	0.371 3±0.014 9	190
36E	[Emim]Cl	36	68±1.2	0.563 4±0.004 2	132
36Ed	[Edmim]Cl	36	108±2.1	0.577 2±0.009 4	156
36He	[Hemim]Cl	36	87±2.6	0.535 8±0.011 6	156
36Bz	[Bzmim]Cl	36	95±1.0	0.570 2±0.010 0	137

a. 图 3-4 中 ε_c 的一阶导数曲线的峰值温度。

3.3.2　DSC 分析

图 3-5 为 IL、素材和 IL 处理木材的 DSC 曲线。由图 3-5（a）可见，[Edmim]Cl、[Hemim]Cl、[Emim]Cl 和[Bzmim]Cl 的结晶温度分别为 81℃、21℃、0℃和低于-40℃。IL 处理木材在测试前，放置于 25℃下，高于所用 IL 的结晶温度（除[Edmim]Cl 外）。当 IL 处理木材冷却至-40℃，再升温至 200℃，木材中的 IL 未表现出结晶放热和熔融吸热峰[图 3-5（b）]，这就说明浸入木材样品中的 IL 在压缩测试过程中未发生熔融。这是由于 IL 以单分子或少量分子聚集体的形式被细胞壁大分子所吸附，IL 与细胞壁大分子之间的相互作用改变了 IL 的热行为。因此，IL 处理木

材压缩应变的提高不是由于 IL 的熔融,而是其他因素。

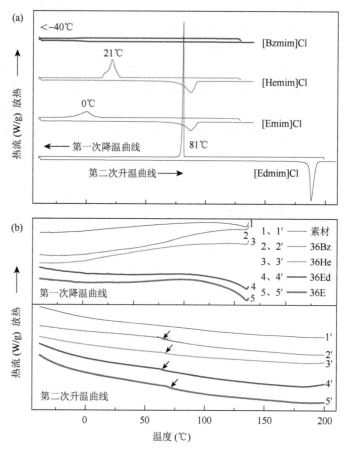

图 3-5　IL（a）与素材和 IL 处理木材（WPG=36%）（b）的 DSC 曲线

由图 3-5（b）可见,干燥素材的 DSC 曲线未表现出玻璃化转变的阶跃式热熔突变,这是由于干燥木材在玻璃化转变过程中吸热量低,DSC 无法检测（Östberg et al.,1990；Ou et al.,2015；Wolcott and Shutler,2003）。而 WPG=36%的 IL 处理木材在 70℃左右表现出明显的玻璃化转变,[Edmim]Cl、[Hemim]Cl、[Emim]Cl 和[Bzmim]Cl 处理木材的 $T_{g,mid}$ 分别为 68℃、73℃、75℃和 71℃。这归因于 IL 塑化细胞壁组分无定形纤维素、半纤维素和木质素的玻璃化转变（Ou et al.,2015）。IL 在木材中充当着类似于水分子塑化剂的作用,提高了细胞壁大分子在热压过程中的塑性流动能力（Wolcott et al.,1994）。

3.3.3　TGA 分析

虽然咪唑类 IL 被描述成为化学惰性,但仍表现出潜在的反应活性。IL 和（或）

木材的降解所产生的小分子可能会影响 IL 处理木材的热塑性变形。在本研究中，样品的开始降解温度（T_{on}）定义为失重率为 3%时所对应的温度。图 3-6 为 IL 的热降解曲线，除[Hemim]Cl 外，其他三种 IL 均为一步降解，而[Hemim]Cl 在 DTG 峰左侧出现一肩峰。纯 IL 的热稳定性取决于阳离子的类型，其热稳定依次为 [Hemim]Cl＞[Edmim]Cl＞[Emim]Cl＞[Bzmim]Cl，T_{on} 分别为 242.0℃、237.2℃、217.4℃和 195.1℃（表 3-3）。[Bzmim]Cl 的降解过程被认为是 S_N1 机理，连接在咪唑环 N-1 上的苄基比连接在 N-3 上的甲基更容易解离（Chan et al.，1977）。而其他三种 IL，Cl^- 主要攻击 N-3 上的甲基，降解过程被认为是 S_N2 机理（Chan et al.，1977）。此外，连接在 N-1 上的侧链对连接在 N-3 上甲基的解离基本上没有影响（Hao et al.，2010）。因此[Bzmim]Cl 的热稳定性比[Emim]Cl 低。咪唑环 C-2 质子具有强酸性（Bordwell，1988），当其被甲基取代后能够提高 IL 的热稳定性（Awad et al.，2004），因此，[Edmim]Cl 较[Emim]Cl 表现出较高的 T_{on}。[Hemim]Cl 具有最高热稳定性的原因尚不清楚。[Emim]Cl、[Edmim]Cl 和[Bzmim]Cl 的降解均为吸热反应，而[Hemim]Cl 为放热反应（表 3-3）。

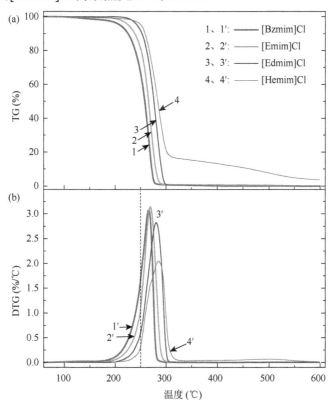

图 3-6 IL 的热降解曲线

(a) TGA；(b) DTG

表 3-3　纯 IL、素材和 IL 处理木材的热降解数据

样品名称	T_{on}（℃）	$T_{peak-IL}$（℃）	$T_{peak-wood}$（℃）	吸热/放热反应
[Bzmim]Cl	195.1	265.8	—	吸热
[Emim]Cl	217.4	269.3	—	吸热
[Edmim]Cl	237.2	280.4	—	吸热
[Hemim]Cl	242.0	270.2/285.2	—	放热
素材	231.9	—	266.5/300.0	吸热
36Bz	205.5	231.1	282.2	放热
36E	201.9	226.8	244.0	放热
36Ed	206.6	236.4	259.2	放热
36He	205.1	222.1/240.8	263.0	放热

图 3-7 为素材和 WPG=36%的 IL 处理木材的热降解谱图。从图中可以看到，在空气气氛下，木材素材的热重曲线（TG）在 200～350℃温度范围内有两个台阶，且均为吸热反应。第一个质量损失主要是由于半纤维素的热降解造成的；第二个

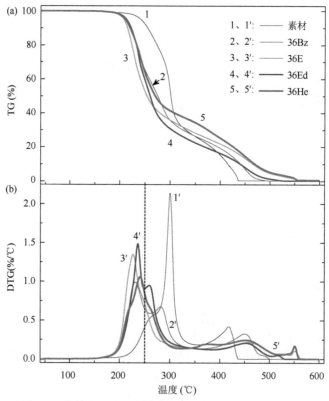

图 3-7　素材和 IL 处理木材（WPG=36%）的热降解曲线
(a) TGA；(b) DTG

质量损失在280～350℃，是由于纤维素的降解所致。高于350℃的质量损失是因为氧气的参与，木材热裂解残渣完全燃烧造成的，这个阶段被有些学者称为"灼热燃烧"（glowing combustion）（Yorulmaz and Atimtay，2009）。DTG曲线也反映了木材的热降解，其是以峰的形式展现，峰值表示了组分在该阶段的最大热降解速率。在氧气气氛下，木材的热降解有三个峰，分别对应半纤维素和纤维素的热降解，以及残渣的灼热燃烧［图3-7（b）］。

IL处理木材的降解均表现为放热反应（表3-3），且T_{on}和DTG峰温度均比木材素材和IL有所降低［图3-7（b）］。例如，[Emim]Cl处理木材与[Emim]Cl相比，其T_{on}和DTG峰温度分别从217℃和269℃降至202℃和227℃；纤维素的DTG峰温度从300℃降至244℃。但是[Bzmim]Cl处理木材与[Bzmim]Cl相比，其T_{on}反而从195℃提高至205℃。[Bzmim]Cl降解的主要产物是苄基氯，沸点为179℃，它可与木材和IL吸附的H_2O进一步反应生成沸点更高的苄甲醇（206℃），从而提高了[Bzmim]Cl处理木材的起始降解温度。而对于其他三种IL，降解产物CH_3Cl与H_2O进一步反应生成甲醇和HCl（Wendler et al.，2012），自由HCl能够促进IL和木材的降解，从而降低了IL处理木材的热稳定性。

咪唑类IL的降解产物主要是咪唑、N-烷基-咪唑和二聚化合物（Liebner et al.，2010），这些产物带有芳香仲胺和芳香叔胺官能团，从而呈强碱性（Liebner et al.，2010）。这些碱性产物能够催化1-烷基-3-甲基咪唑阳离子与纤维素的还原末端或其他醛基和半缩醛基在C-2上发生芳环亲电取代反应（Ebner et al.，2008），从而促进了IL处理木材中IL和木材的降解。

实验测得IL处理木材的T_{on}均高于200℃，然而通过TGA升温扫描测试得到的T_{on}一般情况下高于样品的实际起始降解温度，这是由TGA升温扫描的特性所决定的（Kamavaram and Reddy，2008），升温速率越高，测试结果越滞后。由于IL的上述降解产物的沸点较高，大部分在降解的初期不能被及时挥发，因此，IL在低于实验测得的T_{on}温度下就已经开始降解，升温压缩测试后的样品表面颜色变深证实了这一点（照片未给出）。

因此，当温度接近200℃时，IL处理木材的热降解对其压缩形变也有部分贡献。但是，由热降解所造成的热变形对样品的总变形量贡献很小，这是由于WPG=18%和36%的IL处理木材的ε_c一阶导数曲线的峰位置（T_p）远远低于200℃（图3-4）。例如，[Emim]Cl、[Edmim]Cl、[Hemim]Cl以及[Bzmim]Cl在WPG=18%和36%时，T_p分别为161℃和132℃、168℃和156℃、171℃和156℃以及190℃和137℃（表3-2）。

3.3.4 微观形貌分析

图3-8～图3-10分别为未压缩杨木素材和IL处理木材经压缩后横切面的SEM

照片。杨木属于散孔阔叶材,由韧型木纤维、导管、射线细胞和轴向薄壁组织构成。如图 3-8 所示,韧型木纤维腔小壁厚,随机地分布在均质的单列木质部射线之间(Jourez et al., 2001),腔大壁薄的导管以单个管孔或二至数个管孔相邻成径向排列分布(Standfest et al., 2013),轴向薄壁组织(离管型)以单行细胞分布在年轮附近(Deflorio et al., 2005)。压缩测试未改变杨木素材的解剖结构(图片未给出)。

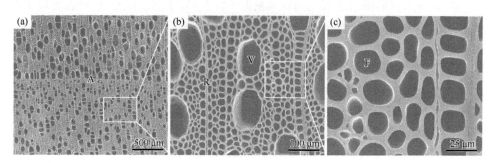

图 3-8 素材横切面的 SEM 照片
A 为轴向薄壁组织;R 为射线细胞;V 为导管分子;F 为韧型纤维

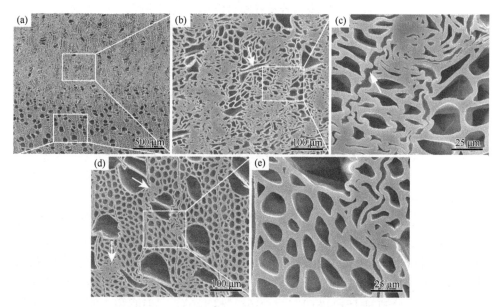

图 3-9 压缩[Emim]Cl 处理木材横切面的 SEM 照片(WPG=18%)
(a)含早、晚材;(b)和(c)为早材;(d)和(e)为晚材

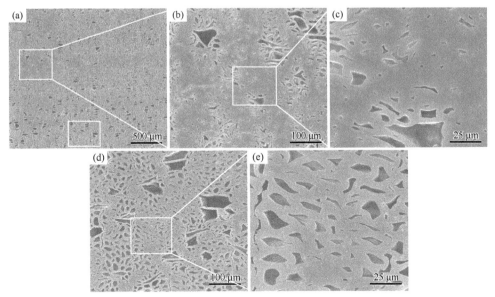

图 3-10 压缩[Emim]Cl 处理木材横切面的 SEM 照片（WPG=36%）
(a) 含早、晚材；(b) 和 (c) 为早材；(d) 和 (e) 为晚材

IL 处理对杨木的解剖结构未造成改变（图片未给出），但是处理木材经压缩后细胞形态发生了巨大变化。由于不同类型 IL 处理木材经压缩后，细胞形态变化差异很小，本章中只给出[Emim]Cl 处理木材的 SEM 照片。如图 3-9 所示，WPG=18%时[Emim]Cl 处理木材的塑性变形与细胞壁厚度、细胞形状、细胞腔直径以及细胞壁的化学组成有关。早材导管比晚材导管腔大壁薄，而导管被壁薄且有纹孔的轴向薄壁组织包围，这些结构在外力作用下成为薄弱点。因此，早材中导管、木射线和韧型木纤维发生较大变形［图 3-9（b）和图 3-9（c）］，表现为导管沿压缩方向被压扁和坍塌［图 3-9（b）箭头所指］，木射线弯曲成波浪或锯齿状［图 3-9（c）箭头所指］。其他学者研究密实化北美黄杉（Douglas-fir）（Standfest et al., 2013）和欧洲赤松（Scotch pine）（Dogu et al., 2010）时也发现同样的现象。与早材细胞相比，晚材细胞由于细胞壁较厚，变形较小，且主要发生在导管附近的薄壁细胞上［图 3-9（d）箭头所指］。

细胞壁的化学组成对木材的热塑性变形产生影响，一般而言，无定形组分木质素和半纤维素比结晶纤维素更容易发生变形。Meier 发现桦木薄壁细胞的纤维素含量只有 14%（Meier, 1964）。韧型木纤维为活木提供机械支撑，因而纤维素含量较高，杨木韧型木纤维的次生壁木质素含量仅为 6%，远远低于导管次生壁中木质素含量（25%）（Donaldson et al., 2001）。这些差异可以解释导管和薄壁细胞的变形大于韧型木纤维。

从图 3-10 可以看到，WPG=36%时，[Emim]Cl 处理木材的密实程度远大于

WPG=18%的，并且细胞壁未发生破裂，这就说明 IL 在较高 WPG 时对木材细胞壁具有显著的塑化效果。这种情况下，晚材细胞［图 3-10（d）和图 3-10（e）］仍然比早材细胞［图 3-10（b）和图 3-10（c）］表现出较小的塑性变形。

3.3.5　XRD 分析

图 3-11 为压缩前后木材样品的 X 射线衍射图。可见，IL 处理和压缩测试均未改变纤维素的晶体形态，即纤维素 I 型。压缩测试对素材的 CrI 影响很小，测试前后 CrI 分别为 64.0%和 64.6%。与素材相比，[Emim]Cl 处理木材在 WPG=6%和 18%时 CrI 有所减低，经热压后 CrI 分别从 57.1%和 56.7%提高到 65.6%和 69.4%（图 3-12）。IL 处理木材的 CrI 降低是由于纤维素晶区的分子内和分子间氢键被纤维素的羟基质子和 IL 阴离子之间的羟基所取代。无定形纤维素大分子链的链段在高温压缩应力的作用下运动加剧，发生重新排列，从而提高了样品的 CrI。在 WPG=36%时，[Emim]Cl 处理木材的 CrI 随压缩温度的升高而增大，从 110℃［图 3-4（a）中 A 点］下的 59.9%提高到 200℃［图 3-4（a）中 C 点］下的 66.3%。所有处理样品经压缩测试后，CrI 均有不同程度的提高。结合 IL 处理木材的压缩测试结果和 CrI 可以推断出，在升温压缩测试中，随着温度的升高，纤维素结晶区的氢键结构被逐渐破坏，纤维素晶体发生了消晶化；测试结束后，固定样品应变降至室温，然后取出样品，在 23℃和 65%的相对湿度下放置 7 天，在此过程中，无定形区纤维素大分子重新排列，发生了重结晶。

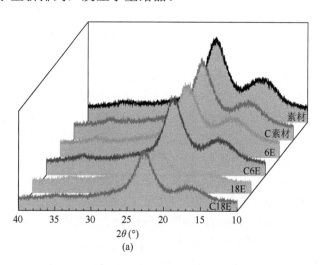

(a)

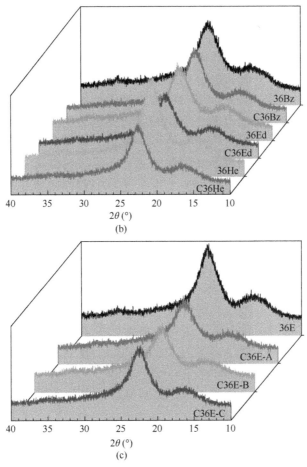

图 3-11 压缩前后木材样品的 XRD 谱图 [首字母 "C" 表示压缩后的样品;C36E-A、C36E-B 和 C36E-C 样品分别取自图 3-4(a)中 A(108℃)、B(142℃)和 C(200℃)点]

(a) 素材和[Emim]Cl 处理木材(WPG=6%、18%);(b) 不同 IL 处理木材(WPG=36%);
(c) [Emim]Cl 处理木材(WPG=36%)

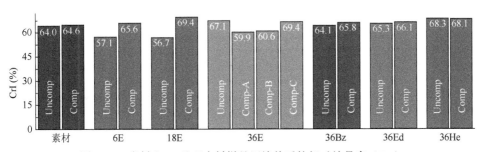

图 3-12 素材和 IL 处理木材样品压缩前后的相对结晶度(CrI)

"Uncomp" 表示未压缩样品;"Comp" 表示压缩样品

3.3.6 应变恢复

当样品暴露在潮湿环境中，由于压缩变形所引起的内应力得到释放，从而发生应变恢复（Kutnar and Kamke, 2012）。文献报道称，储存在半结晶纤维素微纤丝（CMF）和木质素中的弹性应变能是引起应变恢复的主要原因（Navi and Heger, 2004）。当温度高于木质素的玻璃化转变温度时，木质素从玻璃态转变为橡胶态，氢键断裂引发微观结构下的构象变化。在高温和 IL 的共同作用下，纤维素晶体的分子内和分子间氢键被羟基质子和 IL 阴离子之间的氢键替代，部分结晶纤维素转变为无定形纤维素（Janesko, 2011；Remsing et al., 2006），IL 处理木材的瞬间形变由 CMF 晶体与基体（无定形纤维素、半纤维素和木质素）的弹性应变和基体的黏性应变组成。形变被固定的情况下将样品冷却至室温，分子间氢键重新形成，木质素从橡胶态恢复到玻璃态，无定形纤维素发生重结晶（图 3-12），从而 CMF 晶体与基体的弹性变形被冻结。压缩样品的应变恢复程度由样品中弹性成分和黏性成分的比例决定，前者是应变恢复的弹性势能来源，而后者是应变恢复的阻力（Nakajima et al., 2009）。

图 3-13 给出了压缩样品的应变恢复。从图中可以看到，当 WPG 为 6%时，样品的应变恢复（RS）最大，这是由于 IL 对细胞壁大分子的作用小，从而样品中弹性成分大。当 WPG 提高到 18%，样品的 RS 急剧减小，[Edmim]Cl 处理木材的 RS 从 WPG=6%时的 0.0598 减小到 WPG=18%时的 0.0194。较高的 IL 浓度能够破坏更多的细胞壁大分子氢键，减小弹性成分，增加黏性成分，从而产生较大的永久应变。继续增加 IL 浓度至 WPG=36%，RS 反而有所增大，这可能是由于过量的 IL 积聚在细胞腔吸附水分，从而促进了应变的恢复，过量的 IL 类似于水分，也能促进应变恢复。

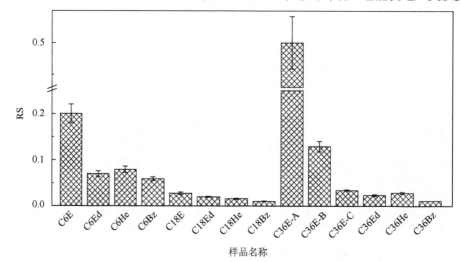

图 3-13 压缩应变恢复

C36E-A、C36E-B 和 C36E-C 样品分别取自图 3-4（a）中 A（108℃）、B（142℃）和 C（200℃）点

压缩温度对样品的 RS 影响显著，如图 3-13 所示，WPG=36%的[Emim]Cl 处理样品在压缩测试过程中，在 108℃、142℃和 200℃处［分别对应于图 3-4（a）中 A、B 和 C 点］取得样品的 RS 分别为 0.500、0.129 和 0.027。这可能是由于温度越高，IL 对细胞壁大分子的作用力越强，越有利于细胞壁大分子的松弛（Kutnar and Kamke，2012），从而弹性恢复越小，永久应变越大。

3.4　本　章　小　结

（1）具有特定阴阳离子结构的 IL 能够塑化木材细胞壁，在高温和较低压力（796kPa）的作用下使细胞壁发生热塑性变形。

（2）IL 的浓度和种类均能影响细胞壁的塑化效果，浓度越高，细胞壁软化温度越低、压缩应变越大；四种 IL 中[Emim]Cl 的塑化效果最好。

（3）细胞壁的应变不是由于 IL 的熔融，以及 IL 或细胞壁大分子的降解，而是归因于在 IL、压力和高温的交互作用下，纤维素晶区和非晶区，以及无定形基体半纤维素和木质素中氢键体系被破坏，从而发生黏性屈曲。

（4）IL 能使木材发生永久应变，在较高 IL 浓度下，木材的压缩应变高于 0.5，细胞壁未因大幅度变形而发生破裂，变形后 97%以上的应变都能被固定住。

（5）木材样品经历升温压缩、降温定型和室温放置，纤维在 IL 的作用下发生了消晶化-重结晶的转变。

（6）IL 能够实现木材的"动态塑化"，木材在 IL、高温和外界应力的共同作用下热塑性显著增强，而当冷却至常温定型时，离子液体对细胞壁的塑化作用（包括溶剂化、置换氢键、消晶等）大幅度降低，细胞壁大分子自身的分子运动也因温度的降低而趋缓，在此过程中，细胞壁未被破坏而重新获得其固有的物理力学性能，但是结晶、氢键体系、聚集态结构、分子运动状态等经历了变化。

参　考　文　献

王清文，欧荣贤. 2011. 木质纤维材料的热塑性改性与塑性加工研究进展. 林业科学，47（6）：133-142.

Awad W H，Gilman J W，Nyden M，et al. 2004. Thermal degradation studies of alkyl-imidazolium salts and their application in nanocomposites. Thermochimica Acta，409（1）：3-11.

Back E. 1982. Glass transitions of wood components hold implications for molding and pulping processes. Tappi Journal，65：107-110.

Bariska M，Schuerch C. 1977. Wood softening and forming with ammonia. In. Goldstein I S. Wood Technology：Chemical Aspects. North Carolina State University：American Chemical Society，327-347.

Bordwell F G. 1988. Equilibrium acidities in dimethyl sulfoxide solution. Accounts of Chemical Research，21（12）：456-463.

Chan B，Chang N，Grimmett M. 1977. The synthesis and thermolysis of imidazole quaternary salts. Australian Journal of Chemistry，30（9）：2005-2013.

Croitoru C, Patachia S, Cretu N, et al. 2011. Influence of ionic liquids on the surface properties of poplar veneers. Applied Surface Science, 257 (14): 6220-6225.

Deflorio G, Hein S, Fink S, et al. 2005. The application of wood decay fungi to enhance annual ring detection in three diffuse-porous hardwoods. Dendrochronologia, 22 (2): 123-130.

Dogu D, Tirak K, Candan Z, et al. 2010. Anatomical investigation of thermally compressed wood panels. BioResources, 5 (4): 2640-2663.

Donaldson L, Hague J, Snell R. 2001. Lignin distribution in coppice poplar, linseed and wheat straw. Holzforschung, 55 (4): 379-385.

Ebner G, Schiehser S, Potthast A, et al. 2008. Side reaction of cellulose with common 1-alkyl-3-methylimidazolium-based ionic liquids. Tetrahedron Letters, 49 (51): 7322-7324.

Edgar K J, Buchanan C M, Debenham J S, et al. 2001. Advances in cellulose ester performance and application. Progress in Polymer Science, 26 (9): 1605-1688.

Foksowicz-Flaczyk J, Walentowska J. 2013. Antifungal activity of ionic liquid applied to linen fabric. International Biodeterioration and Biodegradation, 84: 412-415.

Fort D A, Remsing R C, Swatloski R P, et al. 2007. Can ionic liquids dissolve wood? Processing and analysis of lignocellulosic materials with 1-n-butyl-3-methylimidazolium chloride. Green Chemistry, 9 (1): 63-69.

Gacitua W, Bahr D, Wolcott M. 2010. Damage of the cell wall during extrusion and injection molding of wood plastic composites. Composites Part A: Applied Science and Manufacturing, 41 (10): 1454-1460.

Goring D A. 1963. Thermal softening of lignin, hemicellulose and cellulose. Pulp and Paper Magazine of Canada, 64: 517.

Hao Y, Peng J, Hu S, et al. 2010. Thermal decomposition of allyl-imidazolium-based ionic liquid studied by TGA-MS analysis and DFT calculations. Thermochimica Acta, 501 (1): 78-83.

Immergut E H, Mark H F. 1965. Principles of plasticization. In. Platzer N A J. Plasticization and Plasticizer Processes. Washington DC: American Chemical Society, 1-26.

Janesko B G. 2011. Modeling interactions between lignocellulose and ionic liquids using DFT-D. Physical Chemistry Chemical Physics, 13 (23): 11393-11401.

Jourez B, Riboux A, Leclercq A. 2001. Anatomical characteristics of tension wood and opposite wood in young inclined stems of poplar (Populus euramericana cvGhoy'). Iawa Journal, 22 (2): 133-158.

Kamavaram V, Reddy R G. 2008. Thermal stabilities of di-alkylimidazolium chloride ionic liquids. International Journal of Thermal Sciences, 47 (6): 773-777.

Kanbayashi T, Miyafuji H. 2013. Morphological changes of Japanese beech treated with the ionic liquid, 1-ethyl-3-methylimidazolium chloride. Journal of Wood Science, 59 (5): 410-418.

Kelley S S, Rials T G, Glasser W G. 1987. Relaxation behaviour of the amorphous components of wood. Journal of Materials Science, 22 (2): 617-624.

Kilpeläinen I, Xie H, King A, et al. 2007. Dissolution of wood in ionic liquids. Journal of Agricultural and Food Chemistry, 55 (22): 9142-9148.

Koehler L, Telewski F W. 2006. Biomechanics and transgenic wood. American Journal of Botany, 93 (10): 1433-1438.

Kutnar A, Kamke F A. 2012. Influence of temperature and steam environment on set recovery of compressive deformation of wood. Wood Science and Technology, 46 (5): 953-964.

Li W, Sun N, Stoner B, et al. 2011. Rapid dissolution of lignocellulosic biomass in ionic liquids using temperatures above the glass transition of lignin. Green Chemistry, 13 (8): 2038-2047.

Li X, Geng Y, Simonsen J, et al. 2004. Application of ionic liquids for electrostatic control in wood. Holzforschung, 58 (3): 280-285.

Liebner F, Patel I, Ebner G, et al. 2010. Thermal aging of 1-alkyl-3-methylimidazolium ionic liquids and its effect on dissolved cellulose. Holzforschung, 64 (2): 161-166.

Lucas M, Macdonald B A, Wagner G L, et al. 2010. Ionic liquid pretreatment of poplar wood at room temperature: Swelling and incorporation of nanoparticles. ACS Applied Materials and Interfaces, 2 (8): 2198-2205.

Lucas M, Wagner G L, Nishiyama Y, et al. 2011. Reversible swelling of the cell wall of poplar biomass by ionic liquid at room temperature. Bioresource Technology, 102 (6): 4518-4523.

Meier H. 1964. General chemistry of cell walls and distribution of the chemical constituents across the wall. In. Zimmermann M H. The Formation of Wood in Forest Trees. New York: New York Academic Press, 137-151.

Miyafuji H, Fujiwara Y. 2013. Fire resistance of wood treated with various ionic liquids (ILs). Holzforschung, 67 (7): 787-793.

Miyafuji H, Suzuki N. 2012. Morphological changes in sugi (Cryptomeria japonica) wood after treatment with the ionic liquid, 1-ethyl-3-methylimidazolium chloride. Journal of Wood Science, 58 (3): 222-230.

Nakajima M, Furuta Y, Ishimaru Y, et al. 2009. The effect of lignin on the bending properties and fixation by cooling of wood. Journal of Wood Science, 55 (4): 258-263.

Navi P, Heger F. 2004. Combined densification and thermo-hydro-mechanical processing of wood. MRS Bulletin, 29(5): 332-336.

Östberg G, Salmen L, Terlecki J. 1990. Softening temperature of moist wood measured by differential scanning calorimetry. Holzforschung, 44 (3): 223-225.

Ou R, Xie Y, Wang Q, et al. 2015. Material pocket dynamic mechanical analysis: A novel tool to study of thermal transition of wood fibers plasticized by an ionic liquid. Holzforschung, 69 (2): 223-232.

Patachia S, Croitoru C, Friedrich C. 2012. Effect of UV exposure on the surface chemistry of wood veneers treated with ionic liquids. Applied Surface Science, 258 (18): 6723-6729.

Peng X W, Ren J L, Sun R C. 2010. Homogeneous esterification of xylan-rich hemicelluloses with maleic anhydride in ionic liquid. Biomacromolecules, 11 (12): 3519-3524.

Pentoney R E. 1966. Liquid ammonia-solvent combinations in wood plasticization. Properties of treated wood. Industrial Engineering Chemistry Product Research and Development, 5 (2): 105-110.

Pernak J, Zabielska-Matejuk J, Kropacz A, et al. 2004. Ionic liquids in wood preservation. Holzforschung, 58 (3): 286-291.

Pu Y, Jiang N, Ragauskas A J. 2007. Ionic liquid as a green solvent for lignin. Journal of Wood Chemistry and Technology, 27 (1): 23-33.

Remsing R C, Swatloski R P, Rogers R D, et al. 2006. Mechanism of cellulose dissolution in the ionic liquid 1-n-butyl-3-methylimidazolium chloride: a ^{13}C and $^{35/37}Cl$ NMR relaxation study on model systems. Chemical Communications, 12: 1271-1273.

Rinaldi R. 2011. Instantaneous dissolution of cellulose in organic electrolyte solutions. Chemical Communications, 47 (1): 511-513.

Salmén L. 1984. Viscoelastic properties of in situ lignin under water-saturated conditions. Journal of Materials Science, 19 (9): 3090-3096.

Schuerch C, Burdick M P, Mahdalik M. 1966. Liquid ammonia-solvent combinations in wood plasticization. Chemical treatments. Industrial Engineering Chemistry Product Research and Development, 5 (2): 101-105.

Segal L, Creely J, Martin A, et al. 1959. An empirical method for estimating the degree of crystallinity of native cellulose using the X-ray diffractometer. Textile Research Journal, 29 (10): 786-794.

Shiraishi N. 2001. Wood plasticization. In. Hon D N-S, Shiraishi N. Wood and Cellulosic Chemistry. New York: CRC Press, 655-700.

Standfest G, Kutnar A, Plank B, et al. 2013. Microstructure of viscoelastic thermal compressed (VTC) wood using computed microtomography. Wood Science and Technology, 47 (1): 121-139.

Sun N, Rahman M, Qin Y, et al. 2009. Complete dissolution and partial delignification of wood in the ionic liquid 1-ethyl-3-methylimidazolium acetate. Green Chemistry, 11 (5): 646-655.

Swatloski R P, Spear S K, Holbrey J D, et al. 2002. Dissolution of cellose with ionic liquids. Journal of the American Chemical Society, 124 (18): 4974-4975.

Wang Q, Ou R, Shen X, et al. 2011. Plasticizing cell walls as a strategy to produce wood-plastic composites with high wood content by extrusion processes. BioResources, 6 (4): 3621-3622.

Wendler F, Todi L N, Meister F. 2012. Thermostability of imidazolium ionic liquids as direct solvents for cellulose. Thermochimica Acta, 528: 76-84.

Wolcott M P, Kamke F A, Dillard D A. 1994. Fundamental aspects of wood deformation pertaining to manufacture of wood-based composites. Wood and Fiber Science, 26 (4): 496-511.

Wolcott M P, Shutler E L. 2003. Temperature and moisture influence on compression-recovery behavior of wood. Wood and Fiber Science, 35 (4): 540-551.

Yorulmaz S Y, Atimtay A T. 2009. Investigation of combustion kinetics of treated and untreated waste wood samples with thermogravimetric analysis. Fuel Processing Technology, 90 (7): 939-946.

第 4 章　提取细胞壁组分对木粉/HDPE 复合材料流变性能的影响

4.1 引　言

挤出成型工艺是当前 WPC 制品成型加工的主流方式。一般情况下，较高的木粉含量能够增加产品木质感、降低成本和提升环境友好性能，实际生产中 WPC 的木粉填充质量分数多为 50%～60%（Li and Wolcott，2005）。但是高木粉含量使得物料的黏度高，导致诸多加工成型问题。例如，发生鲨鱼皮及制品扭曲等不稳定流动现象，无法得到表面光滑的制品，甚至挤出失败（Hristov et al.，2006；Hristov and Vlachopoulos，2007a，2007b，2008；Li and Wolcott，2005，2006）。目前 WPC 的挤出速率大多都在 0.8m/min 以下，生产效率较低，WPC 这种难以加工成型的特性在一定程度上制约了整个 WPC 行业的发展。

在保证木粉高填充量的前提下，可以通过添加助剂（Li and Wolcott，2006）、提高挤出温度和/或挤出速率（Adhikary et al.，2011）、设计特殊模具（Intawong et al.，2011）和螺杆构型（Zhang et al.，2009）来改善 WPC 的加工性能。添加偶联剂和/或润滑剂能够改善 WPC 的加工性能（Li et al.，2004；Li and Wolcott，2006）。马来酸酐接枝聚烯烃能够改善木粉与塑料基体的相容性并且改善木粉在基体中的分散性，减小颗粒间的相互作用，从而降低熔体黏度（Adhikary et al.，2011）。此外，由于马来酸酐接枝聚烯烃的分子量低，能够作为聚烯烃的内润滑剂（Li and Wolcott，2006）。内润滑剂与聚合物相容，分布在聚合物分子链之间起到降低聚合物分子间内聚力的作用，从而减少聚合物分子间的内摩擦，降低聚合物熔体流动的黏度；外润滑剂与聚合物相容性较差，在熔体与口模间形成润滑层，弱化二者之间的黏着，促进壁面滑移（Adhikary et al.，2011；Li et al.，2004；Li and Wolcott，2006）。

提高温度可以降低 WPC 熔体的松弛时间和黏度，减少弹性效应，有利于物料的正常挤出成型，但由于木粉的热稳定性较差（降解温度约 200℃），在高温下木粉中分解产生的小分子物质会影响聚合物与木粉界面处的相互作用，过高的加工温度还会导致木粉烧焦与炭化，严重影响产品质量（Marcovich et al.，2001）。因此不可能仅靠提高加工温度来改善 WPC 的加工性能。在高速挤出过程中，HDPE 基 WPC 具有典型的壁面滑移现象（Gadala-Maria and Acrivos，1980；González-Sánchez et al.，2011），而且壁面滑移速率随着挤出速率的增加而增加，这意味着在更高的速率下去挤出 WPC 反而能够得到表面光洁的制品（Hristov et al.，2006；

Li and Wolcott，2006；Marcovich et al.，2004），但是高速挤出对螺杆要求也高，普通挤出机很难实现。

Sombatsompop 等针对单螺杆挤出机研发了一套旋转口模系统，可以显著地降低木粉/聚丙烯复合材料的挤出压力和入口压力降（Intawong et al.，2011；Kaiyaded et al.，2012）。将螺杆设计成具有中等分散混合能力和中等周向分布混合能力，能够明显改善木粉在高密度聚乙烯基体中的分散性，从而提高了 WPC 的加工性能（Zhang et al.，2009）。

上述方法可以在一定程度上改善 WPC 的加工性能，但是由于刚性的细胞壁结构在高温挤出过程中不具备必要的热流动性或热塑性，当木质纤维含量过高时熔体的流变性质不能适应挤出、注射等成型加工方式的要求，更谈不上形成良好的复合材料界面，必然造成生产效率低、产品质量差。因此，欲使高木质纤维含量的 WPC 具有较好的加工性能，必须从改善木质纤维的热塑性入手（Wang et al.，2011；王清文和欧荣贤，2011）。

木质纤维的黏弹性受细胞壁组分（Olsson and Salmén，1997）（纤维素、半纤维素和木质素）及其之间的相互作用（Chowdhury and Frazier，2013）的影响。在探索改善木质纤维的热塑性方法之前，应先从本质上了解细胞壁组分及其之间的相互作用与木质纤维材料热塑性的相互关系。因此，本章将通过去除木材细胞壁组分，研究其对细胞壁热塑性的贡献，进而探讨木质纤维的动态塑化对 WPC 塑性加工的影响。

4.2　实　验　部　分

4.2.1　主要原料

（1）木粉：80～100 目杨木边材木粉，产地与 2.2.1 节中一致，制备方法与 2.2.3 节中一致。

（2）高密度聚乙烯（HDPE）：中国石油大庆石化公司，牌号 5000S，密度 0.954g/cm³，熔体流动指数 0.7g/10min（190℃/2.16kg，ASTM D1238）。将 HDPE 颗粒粉碎成粉末备用。

4.2.2　主要仪器及设备

本章所用的主要仪器及设备见表 4-1，部分仪器的照片见图 4-1。

表 4-1　主要仪器及设备

名称	型号	生产厂家
同向旋转双螺杆挤出机	Leistritz ZSE-18	Leistritz Extrusionstechnik GmbH，Germany
注射成型机	SE50D	Sumitomo Heavy Industries，Japan
微型注射成型机	Haake MiniJet	Thermo Scientific，USA

续表

名称	型号	生产厂家
红外光谱仪	Nicolet 6700	Thermo Fisher Scientific Inc.，USA
激光衍射仪	Mastersizer 2000	Malvern Instruments Ltd.，UK
场发射扫描电子显微镜	Quanta 200F	FEI Co.，Holland
动态力学分析仪	DMA Q800	TA Instruments，USA
微型混合流变仪	Haake MinilabRheomex CTW5	Thermo Scientific，USA
转矩流变仪	Haake Rheomix 600p	Thermo Scientific，USA
双料筒毛细管流变仪	Rheologic 5000	CEAST Co.，Italy
旋转流变仪	Discovery HR-2	TA Instruments，USA
电子万能力学试验机	4466	Instron Inc.，USA
冲击试验机	BPI-0-1	Basic Pendulum，USA

4.2.3 木材纤维的制备

以80～100目木粉为原料，制备四种含不同细胞壁组分的纤维：木粉（WF）、去半纤维素纤维（HR）、去木质素纤维（HC）和α-纤维素纤维（αC），纤维粒径均为100～160目，具体制备方法同2.2.3节。为了考察木粉粒径对木塑熔体流变性能的影响，还制备了80～100目木粉（WF80）和大于160目木粉（WF160）。

4.2.4 WPC共混物的制备

在与HDPE熔融共混前，先将木材纤维在105℃下干燥24h，充分除去纤维中的水分。采用Leistritz ZSE-18型同向旋转双螺杆挤出机（螺杆直径为18mm，长径比为40）(Leistritz Extrusionstechnik GmbH，Germany)对木材纤维和HDPE（质量比为2∶3）进行熔融共混，螺杆转速100r/min，温度150～175℃。挤出机配有定体积喂料器和线料切粒机，挤出线料在空气中冷却后造粒。

采用SE50D型注射成型机（Sumitomo Heavy Industries，Japan）将挤出粒料注射成标准的拉伸和冲击测试样条，注塑机料腔和模具温度分别为180℃和50℃。

4.2.5 表征方法

4.2.5.1 傅里叶变换红外光谱（FTIR）分析

通过Nicolet 6700型红外光谱仪（Thermo Fisher Scientific Inc.，USA）采用衰减全反射技术（ATR）对四种纤维样品（WF、HR、HC和αC）进行红外光谱表征，ATR附件为GladiATR单晶金刚石晶体板（PIKE Technologies，USA）。采用液氮冷却的MCT-A检测器采集信号，扫描次数为40次，分辨率为$4cm^{-1}$。

4.2.5.2 纤维尺寸和形态分析

用 Mastersizer 2000 型激光衍射仪（Malvern Instruments Ltd.，UK）对纤维样品进行粒径分布分析，湿法分散系统为 Hydro 2000MU，悬浮液体为蒸馏水，仪器测试粒径范围为 0.02～2000μm。非球形颗粒的尺寸通常以等效球体直径的形式表示。测试结果 $D[4,3]$ 为体积平均直径，$D[3,2]$ 为面积平均直径，比表面积 $SSA=6/D[3,2]$（Han et al.，2009）。

采用莱卡 Model MZ8 型体视显微镜（Leica，Germany）配置 NCL 150 型光纤和 Model DFC 425C 型照相机（Leica，Germany），对纤维样品的形态进行观察，用 Leica Application Suite 35 软件记录图片。

4.2.5.3 界面形貌分析

将冲击测试样条放置于液氮中冷却 10min，取出后迅速折断并截取脆断面；用 CR-X 型冷冻超薄切片机垂直样条注射方向，在-120℃下用玻璃刀片对样条进行切割，得到光滑平整的切割面。对脆断面和切割面进行喷金处理，采用 Quanta 200F 型场发射扫描电子显微镜（FESEM）（FEI Co.，Holland）在加速电压为 30kV 下观察其微观形貌特征。

4.2.5.4 动态力学分析（DMA）

采用 DMA Q800 型动态力学分析仪（TA Instruments，USA）[图 4-1（a）]对 WPC 进行动态黏弹性测试。具体测试程序：单悬臂梁模式，应变振幅为 15μm（线性黏弹区内），扫描频率为 1Hz，以 3℃/min 从 25℃升温至 135℃。样品尺寸为 35mm×12mm× 2mm，每种配方对新样品重复测试 3 次。

4.2.5.5 微型混合流变仪（Minilab）测试

微型混合流变仪为 Thermo Scientific 公司的 Haake Minilab Rheomex CTW5 [图 4-1（b）]，Minilab 是一种新型实验室加工测试仪器，它既可以进行复合材料熔体塑化与共混制样，又可以直接在线测量物料的转矩与黏度。

如图 4-2 所示，Minilab 主要由锥型双螺杆、气动控制阀、狭缝流道、压力和温度传感器组成。锥型双螺杆有同向和反向旋转两种，螺杆长为 109.5mm，两端直径分别为 5mm 和 14mm，螺杆转速范围为 10～360r/min。物料（最大加料体积为 7mL）可按照所设定的转速和时间在型腔中进行塑化、混炼，气动控制阀可控制物料从循环混合到挤出的转换。狭缝的长、宽和高分别为 75mm、10mm 和 1.5mm，两个压力传感器相距 64mm。

第4章 提取细胞壁组分对木粉/HDPE复合材料流变性能的影响

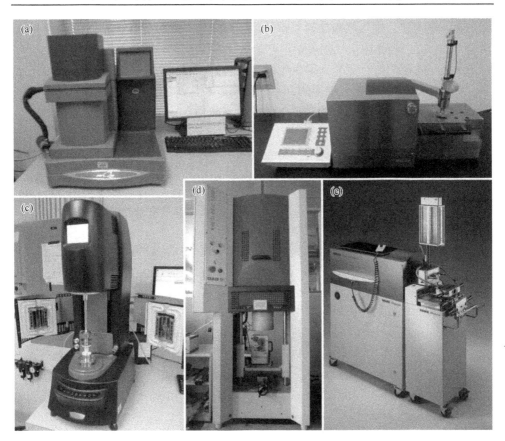

图 4-1 仪器设备：(a) 动态力学分析仪；(b) 微型混合流变仪；(c) 旋转流变仪；
(d) 毛细管流变仪；(e) 转矩流变仪

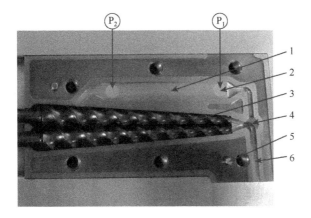

图 4-2 Minilab 的内部结构

1 为狭缝流道；2 为压力传感器；3 为锥型双螺杆；4 为气动控制阀；5 为温度传感器；6 为狭缝流道

在本研究中，采用同向旋转双螺杆，将 6g 预先干混好的纤维与 HDPE（质量比为 2∶3）在 5min 内从气动喂料口中加入，在 175℃下以 40r/min 的转速循环混合 20min，每种配方对新样品重复测试 3 次。

Minilab 测定流变曲线的原理：以双螺杆旋转推动熔体在狭缝流道中产生剪切流动，通过压力传感器检测流体的压力，这就构成了一个狭缝流变仪。

假定狭缝流道的熔体体积流量 Q 与螺杆转速 n 成正比：

$$Q = C \cdot n \tag{4-1}$$

当稳定流动时，狭缝流道中熔体的表观剪切应力 τ 与熔体流经距离 ΔL 之后的压力降 ΔP 成正比：

$$\tau = \frac{h}{2 \cdot \Delta L} \Delta P \tag{4-2}$$

狭缝流道中熔体的表观剪切速率 $\dot{\gamma}$ 与体积流量 Q 的关系如下：

$$\dot{\gamma} = \left(\frac{6}{w \cdot h^2}\right) \cdot Q = \left(\frac{6}{w \cdot h^2}\right) \cdot C \cdot n \tag{4-3}$$

则熔体的表观剪切黏度 η 为

$$\eta = \frac{\tau}{\dot{\gamma}} = \left(\frac{w \cdot h^2}{12 \Delta L}\right) \cdot \frac{1}{C \cdot n} \cdot \Delta P \tag{4-4}$$

其中，C 为熔体体积流量和螺杆转速的相关系数（$8 \times 10^{-7} \text{m}^3/\text{r}$）（Chabrat et al.，2010）；$\Delta L$ 为两个压力传感器之间的距离（mm）；w 和 h 分别为狭缝流道的宽度和高度（mm）。

定义比机械能（SME）为机械能与物料质量的比值，单位为 J/g：

$$\text{SME} = \int_0^t \frac{T \cdot 2\pi \cdot n}{M \cdot 60} \cdot dt \tag{4-5}$$

其中，T 为混合时间 t 时的转矩；n 为螺杆转速（rpm）；M 为物料质量。

4.2.5.6 转矩流变仪测试

通过 Haake Rheomix 600p 转矩流变仪（Thermo Scientific，USA）[图 4-1（c）]在温度为 175℃、转速为 50r/min、填充系数为 75%的条件下，采用 roller 型转子，对不同 WPC 样品进行共混 8min。测试物料为 4.2.3 节中的挤出粒料，每种配方重复测试 3 次。

定义平衡转矩 T_e 和平衡温度为转矩流变仪测试最后 2min 转矩和温度的平均值。T_e 能间接反映熔体的表观黏度和和流动性能；ΔT 为平衡温度和预设温度（175℃）的差值，反映剪切发热。

4.2.5.7 毛细管流变仪测试

物料从直径较大的料筒，经挤压通过入口区进入毛细管平直段，然后从出口挤出（图 4-3）。在毛细管入口处，由于流动收敛而产生附加速度和速度梯度，引起流体在入口处产生压力降 P_{en}，进入毛细管一段距离后才能达到完全发展流动状态，熔体弹性变形将部分松弛，在出口附近，因为管壁约束突然消失，产生出口压力降 P_{ex}。

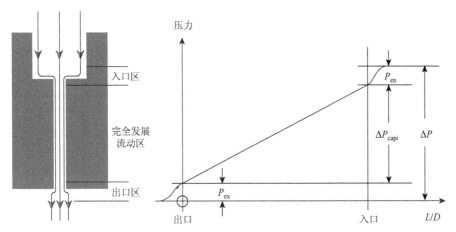

图 4-3 毛细管口模中的三个流动区域

ΔP_{capi}：完全发展流动状态压力降

采用 Rheologic 5000 型双料筒毛细管流变仪（CEAST Co., Italy）[图 4-1（d）]测试 WPC 的剪切流变行为。料筒直径和长度分别为 15mm 和 300mm，测试温度为 175℃，剪切速率范围为 20～2000s^{-1}，换算成挤出速率为 0.15～15.00m/min。所用毛细管口模直径 D=1mm，入角 180°，长径比 L/D 分别为 10、20 和 30。除非另加说明，讨论部分数据所用毛细管口模 L/D 为 20。测试前，对物料进行预压，以保证熔体被压密实，每种配方对新挤出粒料重复测试 4 次。壁面剪切应力 σ_w 定义为

$$\sigma_w = (\Delta P - \Delta P_{ends})/(4L/D) \tag{4-6}$$

其中，ΔP 为熔体通过毛细管口模的总压力降；ΔP_{ends} 为入口和出口压力降的和，通过对不同 L/D 实验数据进行 Bagley 校正得到（Bagley，1957）。

4.2.5.8 旋转流变仪测试

通过 Discovery HR-2 型旋转流变仪（TA Instruments，USA）[图 4-1（e）]采用应变控制模式对 WPC 熔体进行流变性能测试。夹具采用直径为 25mm 的锯齿平板，以提高 WPC 样品与夹具间的摩擦力，防止样品测试时发生滑移。采用微型注射成型机（Haake MiniJet，Thermo Scientific，USA）将挤出粒料注射成直径为 25mm、厚度为 2.2mm 的样品，料腔和模具温度分别为 180℃和 50℃。

随着木粉含量的提高，获得可重复性的流变学数据逐渐变得困难，这主要是由于 WPC 体系具有触变性，其内部的微观结构与剪切历史密切相关，获得相同

起始状态的试样比较困难；其次是由于木粉的化学成分复杂，在加工温度下，半纤维素和木质素等不稳定成分容易发生热降解，这对 WPC 的内部结构及流变学性质都会产生影响。因此获得剪切历史及热历史相同的 WPC 样品，是进行流变学测试的基础。

将样品放入 ETC 炉体中 175℃预热 3min，等样品充分熔融后，严格控制下压速率，将板间距降到 2.02mm，把多余 WPC 熔体刮掉，以获得光滑的外表面，然后将板间距调到 2.00mm，使得熔体略微向外凸，然后在 175℃静置 3min，以尽量消除变形历史对 WPC 流变学性质的影响。测试程序如下所述。

（1）为了确定线性黏弹性区域，首先进行应变扫描：频率固定为 10rad/s，温度为 175℃，应变范围为 0.01%~50%，根据储能模量 G' 的拐点确定 WPC 线性区。

（2）频率扫描参数：温度 175℃，应变 0.05%，频率范围为 0.1~628.3rad/s。每种配方对新样品重复测试 4 次。

4.2.5.9 力学性能测试

（1）拉伸性能：按照标准 ASTM D638-03 在 Instron 4466 型万能力学试验机上进行测试，拉伸速率为 5mm/min，试件为哑铃型，尺寸为 165mm×13mm×3mm。采用 MTS 634.12E-24 型伸长计记录试件的断裂伸长率，夹持距离为 50mm。

（2）冲击强度：无缺口和缺口冲击强度按照标准 ASTM D256-03 在 BPI-0-1 型冲击试验机上进行悬臂梁冲击测试，试件尺寸为 63.5mm×12.7mm×3mm，摆锤能量为 2J。

样品测试前，在 23℃和 65%的相对湿度下放置 7 天。每个配方测试 8 个试件。

4.3 细胞壁组分与 HDPE 木塑复合材料流变性能的关系

4.3.1 傅里叶变换红外光谱（FTIR）分析

采用 ATR-FTIR 来评价提取木质素和（或）半纤维素后，木材官能团的变化，FTIR 谱图如图 4-4 所示，峰归属见表 4-2。与 WF 相比，HR 和 αC 的 FTIR 谱图在 1242cm^{-1} 和 1732cm^{-1} 处的吸收峰消失，分别对应于半纤维素中的 C—O 伸缩振动和非共轭酮基、羧基和酯基的 C=O 伸缩振动（Schwanninger et al.，2004），说明半纤维素分别从 WF 和 HC 中被完全提取掉。在 1590~1610cm^{-1}、1510cm^{-1} 和 1267cm^{-1} 处的吸收峰对应于木质素芳环骨架的振动，去木质素后，这些吸收峰从 HC 和 αC 的谱图中消失。此外，1460cm^{-1} 处的 C—H 的非对称弯曲振动和 1421cm^{-1} 处的芳环骨架振动显著减弱，说明 WF 和 HR 中的木质素被除去。但是，HC 谱图中 1421cm^{-1} 的吸收峰仍可被观察到，说明有微量木质素残留在 HC 中，这与 Jung 的研究结果相似（Jung et al.，2010），他们发现去木质素后，仍有大约 3%的木质素残留在杨木样品中。896cm^{-1} 处对应典型的纤维素吸收峰（Colom et al.，2003），

HR、HC 和 αC 在此处的吸收峰明显强于 WF。因此，纤维的红外吸收谱图证实了半纤维素和木质素被除去。

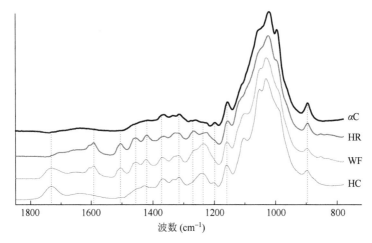

图 4-4　αC、HR、WF 和 HC 的 FTIR 谱图

表 4-2　红外光谱峰的归属

波数（cm^{-1}）	峰归属 [a]	对应细胞壁组分
1 732	非共轭酮基、羰基和酯基的 C═O 伸缩振动	半纤维素
1 610～1 590	芳环骨架振动+C═O 伸缩振动（S>G）	木质素
1 506	芳环骨架振动（G>S）	木质素
1 460	C—H 的非对称弯曲振动（—CH_3 和—CH_2—）	木质素和多糖
1 421	芳环骨架振动+C—H 面内弯曲振动	木质素和多糖
1 369	C—H 弯曲振动	纤维素和半纤维素
1 336	O—H 面内弯曲振动	纤维素
1 315	CH_2 摆动	纤维素
1 267	愈创木基环的伸缩振动和 C—O 伸缩振动	木质素
1 242	C—O 伸缩振动	半纤维素
1 196	O—H 面内弯曲振动	纤维素
1 161	C—O—C 非对称伸缩振动	纤维素和半纤维素
1 103～1 110	芳环骨架+C—O 伸缩振动	多糖和木质素
1 052	C—O 和 O—H 的缔合谱带	纤维素和半纤维素
1 030	C—O 伸缩振动	纤维素和半纤维素
896	β-(1, 4)-糖苷键的 C—O—C 伸缩振动和纤维素 II 的 C_1—H 弯曲振动	纤维素

a. 参考文献（Faix, 1992；Fengel and Ludwig, 1991；Mohebby, 2005；Pandey Pitman, 2003；Schwanninger et al., 2004）。

4.3.2 纤维尺寸和形态分析

木材纤维的激光衍射粒径分布如图 4-5 所示，纤维粒径分布较宽，覆盖三个数量级，但是 85%的纤维分布在 20~600μm 范围内，四种纤维经相同筛子筛分后粒径仍存在较小差异。由于 αC 呈卷曲纤维状［图 4-6（a）］，堆积密度低，易于团聚，从而表现出三峰模式。如图 4-6 所示，其他三种纤维（WF、HR 和 HC）

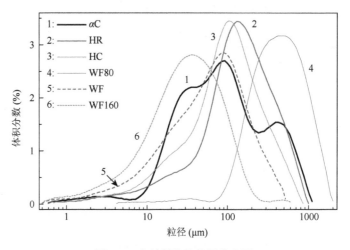

图 4-5　木材纤维的粒径分布图

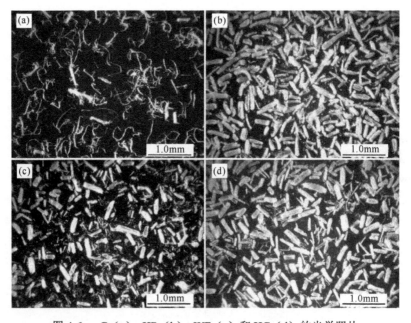

图 4-6　αC（a）、HR（b）、WF（c）和 HC（d）的光学照片

均呈圆柱状或颗粒状。随着粒径增大，WF 的比表面积（SSA）减小，WF160 的 $D[4, 3]$ 为 43.7μm，SSA 为 0.51m^2/g。与 WF 和 WF160 相比，WF80 的 $D[4, 3]$ 最大为 504.3μm，SSA 最小为 0.03m^2/g。

图 4-7 为纤维 L/d 的累积分布图，从图可以看出纤维 L/d：αC＞HR＞HC＞WF。采用概率密度函数对纤维长径比的累积分布进行拟合（Yao et al., 2008）：

$$f(x|\mu,\sigma) = \frac{1}{x\sigma\sqrt{2\pi}} \exp\left[-\frac{(\ln x - \mu)^2}{2\sigma^2}\right] \quad (4-7)$$

$$\bar{L}/d = e^{\mu + \sigma^2/2} \quad (4-8)$$

其中，x 为纤维长径比；$f(x)$ 为 x 的概率密度函数；μ 和 σ 分别为位置参数和尺度参数；$\bar{L}/d$ 为平均长径比。

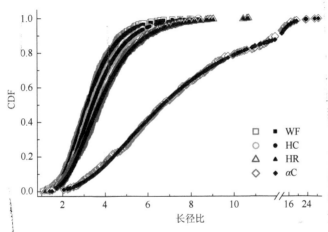

图 4-7　αC、HE、WF 和 DL 四种纤维长径比的累积分布图，实心点表示拟合曲线

从表 4-3 可见，函数拟合 $\bar{L}/d$ 与实际测量 L/d 非常接近。

表 4-3　木材纤维的粒子特性

样品名称	$D[4, 3]^a$（μm）	SSA^a（m^2/g）	纤维数量^b	L^b（μm）	D^b（μm）	L/d^b	$\bar{L}/d^c$
αC	153.6	0.22	312	248.1±133.6	34.2±13.8	7.54±4.0	7.59
HR	180.1	0.17	576	302.3±105.4	81.7±25.5	3.95±1.5	3.97
DL	130.9	0.20	552	279.4±98.3	81.9±28.6	3.67±1.4	3.62
WF	84.6	0.35	507	237.3±95.0	74.2±25.2	3.32±1.1	3.34
WF80	504.3	0.03	—	—	—	—	—
WF160	43.7	0.51	—	—	—	—	—

a. 两次测试平均值。
b. 从光学照片分析处理得到的平均值。
c. 概率密度函数拟合 L/d 的累计分布图的平均值。

4.3.3 复合材料界面形貌分析

WPC 脆断面的 SEM 照片如图 4-8 所示，可以明显地观察到纤维被拔出所留下的孔洞，纤维与基体间的界面很清晰，并且存在明显的间隙，表明两相间的界面结合强度小于纤维本身的强度。WF/HDPE、HR/HDPE 和 HC/HDPE 在纤维形态和两相界面上未观察到明显的差异。与其他三种 WPC 中纤维相比，αC/HDPE 中 αC 表现出较小直径和较大长径比，细胞结构难以识别，纤维表面非常光滑。

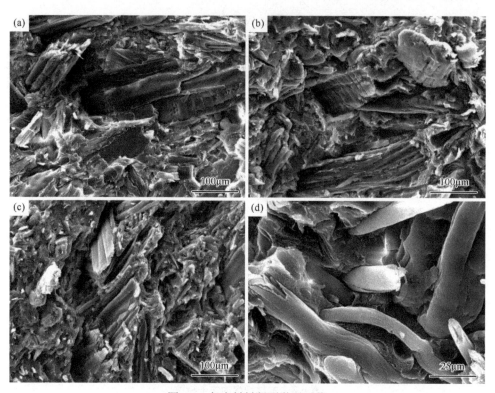

图 4-8　复合材料断面微观形貌
(a) WF/HDPE；(b) HR/HDPE；(c) HC/HDPE；(d) αC/HDPE

图 4-9 为 WPC 的切断面，从图中可以看出，纤维（浅色相）的尺寸和形态存在显著差异，从细小的细胞壁碎片到较大的木材组织，这是由于在熔融共混和注射成型过程中螺杆的剪切作用破坏了部分细胞结构。大颗粒 WF［图 4-9（a）］和 HR［图 4-9（b）］的细胞壁在加工后仍基本保持完好，同时，细胞腔被 HDPE 基体填充（深色相）。相反，HC［图 4-9（c）］的细胞壁被高度压缩，未发现 HDPE 填充。这说明去木质素后，HC 的柔韧性和可变形性提高，在挤出/注塑过程中比 WF 和 HR 更容易发生塑性变形。

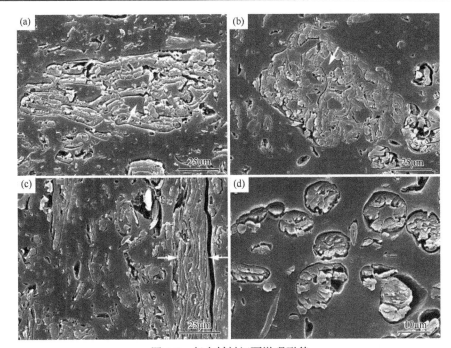

图 4-9 复合材料切面微观形貌
(a) WF/HDPE；(b) HR/HDPE；(c) HC/HDPE；(d) αC/HDPE

4.3.4 微量混合流变仪分析

图 4-10 为 WPC 熔体在 Minilab 中转矩与压力降（ΔP）随时间的变化关系，由图可见，保持 WF 含量 40%不变，改变 WF 粒径（80～100 目、100～160 目和大于 160 目）未对熔体转矩和ΔP产生明显影响，经仔细观察能够察觉到，熔体转矩和ΔP随粒径增大略有增大。Li 和 Wolcott（2005）的研究得出相似的结果，在 80～140 目范围内，改变木粉粒径没有明显改变枫木/HDPE（质量比为 60/40）熔体的剪切和拉伸黏度。因此，我们假定四种纤维（αC、HR、HC 和 WF）的粒径差异对 WPC 熔体流变学性质的影响可以忽略。除粒径外，纤维的结晶度（CrI），长径比以及在熔体中的取向也会影响 WPC 熔体的流变学性质。由于所有测试样品的制备条件相同，因此在评价测试结果时，可以认为纤维的平均取向近乎是相同的。

在 2.3.1 节中已经讨论了纤维的 CrI，提取半纤维素和（或）木质素后纤维的 CrI 增大，刚性也随之增大，进而将提高 WPC 熔体的黏度。纤维的长径比对 WPC 的加工性能影响显著，保持纤维含量不变，增加纤维长径比将大幅提高熔体黏度（Kitano et al.，1984；Pötschke et al.，2002）。从图 4-10 和表 4-4 中可以看到，与其他三种熔体相比，αC/HDPE 熔体具有最大的转矩、SME、ΔP 和表观剪切黏度，这是由于 αC 具有最大的 CrI 和长径比，导致卷曲状 αC 纤维在 HDPE 熔体中团聚，很难均匀地分散开。我们前期的研究结果发现，木粉表面极性降低，将改善木粉

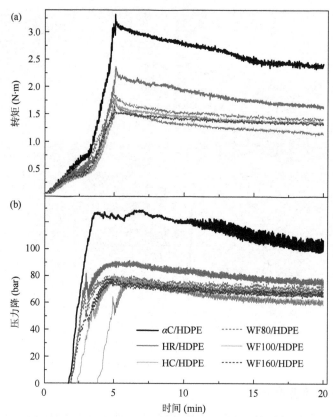

图 4-10　WPC 熔体在 Minilab 测试中转矩（a）和压力降（b）随时间变化关系
1bar=10⁵Pa

在 HDPE 中的分散性，进而降低熔体黏度（Ou et al.，2014a）。去半纤维素后，HR 的表面极性降低，HR/HDPE 的吸水和厚度膨胀较 WF/HDPE 大幅降低可以证实这一点，HR/HDPE 的熔体转矩和 ΔP 应该比 WF/HDPE 低，但实际情况却比 WF/HDPE 高。这就说明 HR 长径比和 CrI 的增大所引起的熔体转矩和 ΔP 的提高，比因 HR 表面极性降低所引起的熔体转矩和 ΔP 降低更显著。如果熔体的转矩和 ΔP 与纤维的 CrI 以及长径比呈正相关，它们应呈以下排序：αC/HDPE＞HR/HDPE＞HC/HDPE＞WF/HDPE，但是，实际结果却为 WF/HDPE＞HC/HDPE。这一矛盾可能是由于去木质素导致纤维微观结构变化所引起的。

表 4-4　WPC 熔体的比机械能（SME）、表观黏度、剪切发热（ΔT）和平衡转矩（T_e）

样品	αC/HDPE	HR/HDPE	WF/HDPE	HC/HDPE
SME(J/g)[a]	1 859	1 294	1 001	921
表观黏度(Pa·s)[a]	865	638	553	502
ΔT（℃）[b]	16.8	12.2	9.8	7.6
T_e（N·m）[b]	12.32	8.62	6.56	5.84

a. 数值由 Minilab 测试得到。
b. 数值由转矩流变仪测试得到。

前人研究了木质素在木材细胞壁中所起的机械作用，主要为细胞壁组分提供侧向刚性，而半纤维素被认为是一种黏性基体（Keckes et al.，2003）。当复合胞间层（CML）（Donaldson，1994；Hafrén et al.，2000）和初生壁（PW）（Sticklen，2008）中的球形结构木质素，以及次生壁（SW）中狭缝状（slit-like）（Hafrén et al.，1999）或棱镜状（lens-shaped）（Bardage et al.，2004）木质素被提取后，HC纤维表现出高度的多孔结构（Hafrén et al.，1999，2000；Junior et al.，2013），如图4-11（c）~（e）所示。这种多孔结构与WF相比，具有更高的柔韧性（Shams and Yano，2011）。从4.3.3节中的SEM照片可以观察到，通过挤出/注射加工，在高温、压缩和剪切的共同作用下细胞壁柔韧性的提高可以促进木材细胞结构的塑性变形。当木质素被提取后，剩下的结构具有更多的自由体积，多糖大分子链段在高温下被活化，更容易发生平动和转动（Horvath et al.，2011）。同时，去木质素后，半纤维素和CMF之间的氢键更容易滑动，并形成新的氢键（Voelker et al.，2011）。此外，CML被认为是一种宾汉塑性体（Bingham type plastic），当螺杆施加剪切应力大于其阈值后，CML便发生塑性流动（Mukherjee et al.，1993）。当木质素被提取后，多孔的CML连接的细胞具有更高的塑性，阈值比WF大大降低，在较低的剪切应力下就能发生塑性变形。因此，与其他纤维相比，高度多孔的柔性HC能够降低WPC熔体的转矩和黏度，从而提高WPC的加工性能。

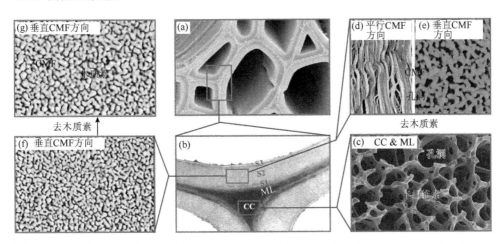

图4-11 木材细胞壁提取木质素或半纤维素后的微观结构变化（Bardage et al.，2004；Donaldson，1994；Hafrén et al.，1999，2000；Junior et al.，2013；Keckes et al.，2003）

(a) 细胞壁横截面；(b) 细胞壁层横截面；(c) 去木质素后的细胞角隅（CC）和胞间层（ML）；(d) 平行CMF方向的去木质素的S2层；(e) 垂直CMF方向的去木质素的S2层；(f) 垂直CMF方向的去半纤维素的S2层；(g) 垂直CMF方向的去半纤维素的S2层（尺寸不是按比例绘制）

半纤维素主要存在于CMF之间的缝隙中并覆盖在CMF表面上（Mukherjee et al.，

1993),当半纤维素被碱液提取后,CMF 之间的接触变得更加紧密,从而在 PW 和 SW 中形成更加紧致和较大直径的纤维状超微结构(Duchesne et al.,2003;Itoh and Ogawa,1993;Terashima et al.,2004),如图 4-11(g)所示。因此,提取半纤维素使纤维刚性增大、柔韧性降低,从而提高了 WPC 熔体的黏度。

4.3.5 转矩流变仪分析

WPC 熔体的转矩和温度随时间变化关系如图 4-12 所示,在加料阶段熔体迅速增加到最大值,然后逐渐降低并达到稳定状态。αC/HDPE 熔体的 T_e 和 ΔT 最大,分别为 12.32N·m 和 16.8℃,HC/HDPE 熔体的 T_e 和 ΔT 最小,分别为 5.84N·m 和 7.6℃。T_e 和 ΔT 的变化顺序与通过 Minilab 测试得到的结果一致。纤维的 CrI 越大意味着刚性越大,产生阻力更大并抑制 HDPE 分子链的热流动性能(Hosseinaei et al.,2012),从而导致较大的平衡转矩和黏度。纤维的长径比越大,有效体积分数越高,在加工过程中需要更多的空间旋转和平动。此外,长径比越大,纤维之间的碰撞和摩擦加剧,从而增大了剪切发热(Quijano-Solis et al.,2009)。HC 的多孔和柔性结构降低了 HC/HDPE 熔体的黏度和剪切发热。

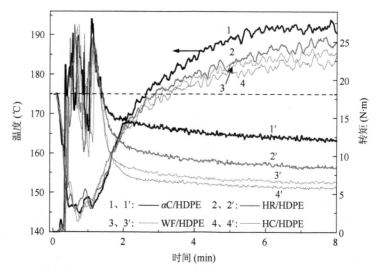

图 4-12　WPC 熔体在转矩流变测试中转矩和温度随时间的变化关系

4.3.6 毛细管流变仪分析

图 4-13 为 WPC 熔体在剪切速率范围为 $20\sim2000s^{-1}$,壁面剪切应力和表观剪切黏度与表观剪切速率之间的关系,在此剪切速率范围内,对应熔体的挤出速率为 $0.15\sim15.00$m/min。从图 4-13(a)可见,熔体挤出出现三个区域。在较低挤出速率下,从挤出物表面可以观察到低幅、准周期性的小波纹状粗糙表面,如图 4-14(a)

所示，前人将其定义为鲨鱼皮畸变（Cogswell，1977）。随着挤出速率增大，挤出物表面的鲨鱼皮畸变逐渐减弱［图4-14（b）］。聚合物熔体在挤出时，当壁面剪切应力超过第一临界应力 σ_{c1} 时，熔体流动偏离无滑移边界条件，熔体剪切应力大于熔体与毛细管壁面的黏附力，熔体产生壁面滑移，即所谓的吸附-解吸机理，WPC 熔体会因剪切变形而储存部分能量，当外界赋予 WPC 形变的能量远远超出其弹性储能的极限时，就会产生新的表面去消耗部分弹性储能，从而发生鲨鱼皮畸变。

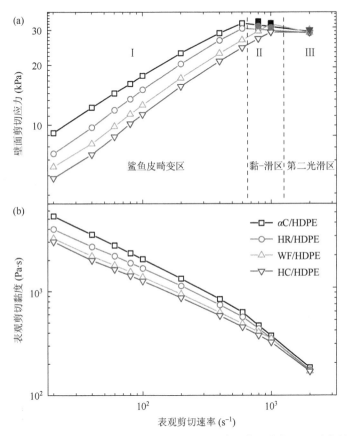

图 4-13　WPC 熔体在毛细管流变测试中壁面剪切应力（a）及表观剪切黏度（b）随表观剪切速率变化
实心符号表示"黏-滑"区，此区间数据点为平均值

随着挤出速率的提高，剪切应力也相应增大，WPC 熔体的弹性储能也不断增加，熔体在毛细管壁面处的应力集中效应也变得更加突出，当壁面剪切应力大于第二临界应力 σ_{c2} 时，由于聚合物熔体有限的可压缩性，以及本体分子与毛细管口模界面黏附的界面分子突然解缠结（Drda and Wang，1995）使得壁面滑移从弱向强转变，熔体发生较大幅度的壁面滑移，熔体突然增速，挤出物表面变得光滑。发生壁面滑移后熔体所储存的弹性能和集中的应力都有所释放，剪切应力降低，壁面滑移

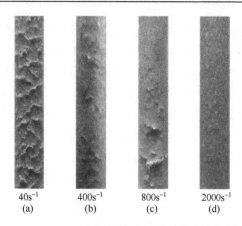

图 4-14 αC/HDPE 在不同流动区域下挤出物表面形貌

又由强到弱转变，本体分子又与毛细管口模界面黏附的界面分子发生缠结，挤出物表面又变得粗糙。这两种壁面滑移的转变在一定挤出速率范围内周而复始，造成熔体在模壁附近"时滑时黏"，此流动区被定义为振荡区、黏-滑区或周期性熔体破裂流动区（Ⅱ）（Hatzikiriakos，2012），在此流动区内，熔体压力发生持续的周期性振荡，挤出物表面粗糙和光滑区域交替出现，如图4-14（c）所示。

当挤出速率继续增大，壁面剪切应力达到第三临界应力 σ_{c3}（一般小于 σ_{c2}），壁面处的应力完全超过本体分子与毛细管口模界面黏附的界面分子的作用力时，WPC 熔体在毛细管模壁附近出现完全滑动，从而使得熔体在壁面处的真实剪切速率有所降低，熔体弹性储能也随之降低，物料的表面反而变得光滑，此时便是第二光滑挤出区域（Ⅲ），如图 4-14（d）所示。这与 Hristov 等（2006）和 Carrino 等（2011）的研究结果相似。

提取细胞壁组分对 WPC 熔体壁面剪切应力的影响与 Minilab 和转矩流变仪测试的结果一致，在此不再赘述。

由图 4-13（a）和表 4-5 可知，提取半纤维素（和木质素）后，WPC 熔体从鲨鱼皮畸变区（Ⅰ）向黏-滑区（Ⅱ）转变的临界挤出速率和临界应力发生了变化。与 WF/HDPE 相比，由于 αC 和 HR 较大的 CrI 和长径比，WPC 熔体的刚性增大，弹性储能增加，熔体在毛细管壁面处的应力集中效应也变得更加突出，在较低的挤出速率下壁面应力就大于第二临界应力 σ_{c2}，使得 αC/HDPE 和 HR/HDPE 熔体在较低的挤出速率下就进入黏-滑区，从 15m/min 降低到 6m/min。此外，由于 αC/HDPE 和 HR/HDPE 熔体较高的黏度，第二临界应力 σ_{c2} 从 29.2kPa 分别提高到 30.3kPa 和 31.8kPa。提取半纤维素对 WPC 熔体的临界挤出速率和应力影响不大。

表 4-5 WPC 熔体在毛细管流变测试中第二和第三临界剪切应力及其对应的表观剪切速率

样品名称	黏-滑流动区			第二光滑挤出区		
	$\dot{\gamma}_{c2}$ (s^{-1})	V_{c2} (m/min)	σ_{c2} (kPa)	$\dot{\gamma}_{c3}$ (s^{-1})	V_{c3} (m/min)	σ_{c3} (kPa)
αC/HDPE	800	6.00	31.8	2 000	15.00	29.5
HR/HDPE	800	6.00	30.3	2 000	15.00	29.1
WF/HDPE	2 000	15.00	29.2	N.D.	N.D.	N.D.
HC/HDPE	2 000	15.00	29.1	N.D.	N.D.	N.D.

注：N.D.为未检测到。

从图 4-13（b）可见，WPC 熔体的稳态剪切黏度均随着剪切速率的增加而降低，表现出假塑性流体的剪切变稀特征。这是因为在剪切应力的作用下，自身相互缠结的 HDPE 分子链逐渐解缠结，并沿着熔体流动方向逐渐取向，从而使熔体的表观黏度降低。随着挤出速率增大，不同 WPC 熔体的剪切黏度曲线趋于重合，这是由于在木材纤维在高剪切速率下，沿着毛细管口模轴向排列，纤维间的碰撞概率逐渐降低（González-Sánchez et al.，2011），长纤维对熔体流动的阻碍效果减弱。此外，纤维在高速挤出过程中，向毛细管口模轴心迁移，在模壁附近形成无纤维基体薄层，加速了熔体的壁面滑移。因此，WPC 熔体黏度在高剪切速率下差异变得不明显（Gadala-Maria and Acrivos，1980），这就意味着，在较高挤出速率下，采用长纤维制备 WPC 加工困难的问题可以得到解决。αC/HDPE 的熔体黏度最大，而 HC/HDPE 最小，提取木质素可以改善 WPC 的加工性能。

4.3.7 旋转流变仪分析

图 4-15 给出了 WPC 熔体的动态流变学参数（储能模量 G'、损耗模量 G'' 及复数黏度 η^*）的频率 ω 依赖关系。可见，提取细胞壁组分对 WPC 熔体的动态流变学性质影响显著，相对于高 ω 区域，低 ω 区域流变学参数的差异表现得更为明显，这是因为低 ω 区域动态流变学参数表征的是聚合物分子链及长链段的运动，而高 ω 区域则是短链段的运动（Nayak et al.，2009）。在低 ω 区域，G'' 比 G' 大，说明熔体表现出黏性特征，这是由于在 ω 非常低的情况下，HDPE 分子链具有充足的时间松弛而不发生弹性形变（Nayak et al.，2009）。αC/HDPE 熔体 G' 和 G'' 的交叉点发生在 0.628rad/s，说明在高 ω 区发生了从黏性响应向弹性响应的转变。这是由于在高 ω 区，黏性流动时间太短，HDPE 分子链未来得及松弛，弹性形变的发生较黏性流动要快得多，所以这时弹性储能占优势（Li and Wolcott，2006），且 ω 越高，储存的能量越多。与 αC/HDPE 相比，HR/HDPE、WF/HDPE 和 HC/HDPE 熔体的 G' 和 G'' 的交叉点依次向高 ω 方向移动，分别为 125.4rad/s、198.7rad/s 和 250.1rad/s。这说明，去木质素后 HC/HDPE 熔体在较高的 ω 下也表现出黏性特征，这归因于 HC 的多孔性和柔韧性。

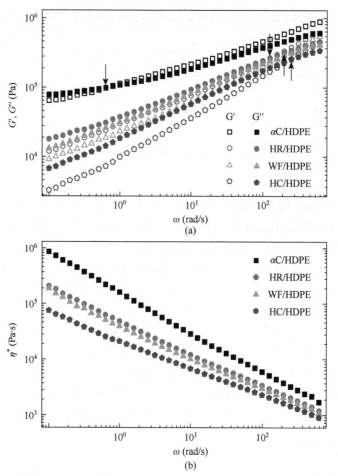

图 4-15 WPC 熔体储能模量 G' 和损耗模量 G''（a）以及复数黏度 η^*（b）与频率的关系

与 WF/HDPE 相比，αC/HDPE 熔体的 G' 和 G'' 对 ω 的依赖性减弱，在低 ω 区表现出似固体行为，似固体行为通常是指低 ω 区域模量的 ω 不敏感现象，也即模量平台或称第二平台现象（Aranguren et al.，1992；Romani et al.，2002；Wu et al.，2003）。似固体行为的出现通常意味着体系内部出现了如团聚、骨架、网络等三维有序结构的形成（Prashantha et al.，2009），而上述这些结构的松弛远比聚合物基体缓慢。低 ω 区域的黏弹行为是高分子长链段乃至整个大分子链的运动响应，似固体行为的出现表明大分子运动单元的长时间运动受到限制，而这种限制源于体系中纤维网络结构的形成（Aranguren et al.，1992；Wang et al.，2008；Wu et al.，2003）。由于 αC 具有最大的长径比，且成卷曲状，在 αC/HDPE 加工过程中很容易发生团聚，从而限制 HDPE 分子长链段的运动。HR/HDPE 比 WF/HDPE 具有较高的 G' 和 G''，熔体的弹性储能来自于刚性的纤维和聚合物基体，HR 比 WF 的

CrI 高，说明刚性大，从而赋予熔体较高的 G'。HC/HDPE 熔体的 G' 比 WF/HDPE 显著降低，尤其是在低 ω 区域，说明柔性的 HC 纤维对 HDPE 长链段和整个分子链的运动阻碍减弱。

WPC 熔体的复数黏度 η^* 随 ω 增大显著降低 [图 4-15（b）]，表现出显著的剪切变稀的非牛顿行为，在低 ω 区域尤为明显。提取细胞壁组分对熔体 η^* 的影响规律与稳态剪切黏度一致。HC/HDPE 表现出最低的 η^* 归因于木材纤维微观结构的变化。

4.3.8 力学性能分析

4.3.8.1 拉伸性能

图 4-16 为 WPC 的拉伸应力-应变曲线。可见，提取细胞壁组分影响了 WPC 的拉伸性能，αC/HDPE 表现出最高的拉伸强度（σ）、断裂伸长率（ε）和断裂能（EB），这是由于 αC 具有最大的长径比和 CrI，应力传递效率与纤维长度和强度成正比（Gibson，1994）。αC 的 CrI 增大，αC/HDPE 的刚性也应当相应地增大，但事实却非如此，αC/HDPE 的 E 比 WF/HDPE 降低 8%，这可能是由于 αC/HDPE 具有较低的密度（表 4-6）和结晶度（Ou et al.，2014b）。与 WF/HDPE 相比，去半纤维素后 HR/HDPE 的 σ、ε 和 EB 分别提高了 9.2%、23.4% 和 33.2%（表 4-6）。这可能是由于半纤维素被提取后，HR 的极性降低（Ou et al.，2014c），使得 HR 在 HDPE 中的分散性得到改善，HR 与 HDPE 之间的界面结合提高，减少了界面应力集中。

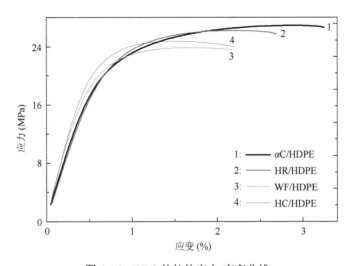

图 4-16　WPC 的拉伸应力-应变曲线

表 4-6　WPC 的物理力学性能

样品	σ（MPa）	E（GPa）	ε（%）	EB（J）	密度
WF/HDPE	23.8（0.2）	4.00（0.12）	2.18（0.19）	43.0（4.8）	1.091（0.00）
HR/HDPE	26.0（0.4）	3.57（0.08）	2.69（0.31）	57.3（5.3）	1.092（0.00）
HC/HDPE	24.6（0.2）	4.52（0.10）	2.21（0.21）	48.7（2.2）	1.095（0.00）
αC/HDPE	27.0（0.3）	3.68（0.08）	3.23（0.27）	73.4（6.6）	1.086（0.00）

注：σ 为拉伸强度；E 为拉伸模量；ε 为拉伸断裂伸长率；EB 为拉伸断裂能。

如表 4-6 所示，去木质素没有明显影响 WPC 的 σ、ε 和 EB，而 E 却比 WF/HDPE 增加了 13%，在四种 WPC 中 HR/HDPE 的 E 值最大。由前面的分析结果可以得知，多孔的柔性 HC 纤维在挤出过程中在能够发生塑性变形，在高温和剪切、压缩应力的共同作用下，HC 纤维被高度压缩，当 WPC 熔体在注射机模具中冷却定型后，HC 的压缩形变被固定 [图 4-9（c）]，纤维刚性增大，HC/HDPE 具有最高的密度也证实了这一点（表 4-6）。因此，被高度压缩的 HC 赋予 HC/HDPE 较高的模量。

4.3.8.2　冲击性能

如图 4-17 所示，WPC 的无缺口冲击强度（UNI）和缺口冲击强度（NI）差异不大，UNI 大约为 NI 的 2 倍，而当 WPC 中添加 2% 的 MAPE，UNI 为 5~6 倍（Ou et al.，2014c）。UNI 由裂纹引发能和裂纹扩展能组成，且前者占主导（Rajabian and Dubois，2006），NI 主要来自于裂纹扩展能（Yang et al.，2007）。UNI 和 NI 之间的差值为裂纹引发能，裂纹扩展能来自于不同的能量耗散机理，包括增强粒子和

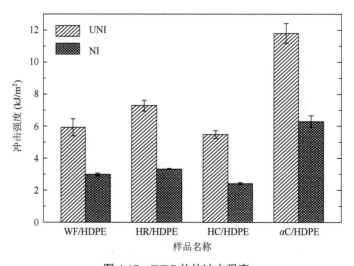

图 4-17　WPC 的抗冲击强度

基体的断裂能、粒子与基体相互作用（界面滑移、脱黏和粒子拔出等）的能耗（López et al.，2013）。对于未添加偶联剂的 WPC，木粉与基体之间的结合较弱，界面大量孔洞和间隙的存在，成为引发裂纹的应力集中点，从而大大降低了 WPC 的裂纹引发能（Ou et al.，2010），因此，UNI 和 NI 的差异较小。添加 MAPE 后，木粉与 HDPE 之间的界面胶接改善，显著提高了裂纹引发能（Stark and Rowlands，2003），因此 UNI 显著提高。

与其他三种 WPC 相比，HC/HDPE 表现出最低的 UNI 和 NI（图 4-17），这可能是由于去木质素降低了 HC 的强度（Mukherjee et al.，1993），以及 HC 与 HDPE 较差的界面结合［图 4-9（c）］。此外，由于 HC 表面极性增大，易于团聚，产生较多的应力集中点，降低了裂纹引发能。因此，去木质素后，WPC 的裂纹引发能、HC 的断裂能、HC 从 HDPE 中拔出的能够均降低。去半纤维素后，HR 的极性降低强度增大（Roy et al.，2012），这就意味着 WPC 的裂纹引发能、HC 的断裂能、HC 从 HDPE 中拔出的能够均增大，从而 HR/HDPE 的 UNI 和 NI 均比 WF/HDPE 高。αC/HDPE 表现出最高的 UNI 和 NI，这归因于 αC 最大的长径比和纤维强度，纤维越长，拔出能耗越高，纤维强度越大，断裂能越大。

4.4 本章小结

（1）木材细胞壁组分被提取后，纤维的微观结构发生了变化。HC 变成高度多孔的柔性结构；HR 的刚性增大；αC 的刚性和长径比均最大。

（2）SEM 观察表明，在挤出/注射过程中，WF 和 HR 的细胞结构未被压溃，表现出较高的刚性，而 HC 发生了显著的塑性变形。

（3）采用四种流变仪测试得到的结果一致，WPC 熔体的转矩、剪切应力、剪切黏度、复数黏度、储能模量和损耗模量均呈如下排序：αC/HDPE＞HR/HDPE＞WF/HDPE＞HC/HDPE。

（4）由于纤维的刚性/塑性和长径比对 WPC 的加工性能影响显著，αC 表现出最大的长径比和刚性、且呈卷曲纤维状，在 HDPE 基体中很容易发生团聚，从而 αC/HDPE 的加工性能最差；HC 的高度多孔结构，在加工过程中容易发生热塑性变形，从而 HC/HDPE 的加工性能最好。

（5）由于 αC 具有最大的长径比和强度，αC/HDPE 的拉伸强度和冲击韧性最高；HC/HDPE 的拉伸强度、模量和断裂伸长率均比 WF/HDPE 复合材料略有提高，但是冲击强度略有降低，说明去木质素并没有丧失木粉对 HDPE 的增强效果。

（6）HC 在高温挤出过程中表现出显著的热塑性，WPC 熔体的流变性能大大改善而使挤出成型等加工过程顺利实现；而当冷却至常温定型时，自身的分子运动也因温度的降低而趋缓，其形变能被聚合物基体固定，从而使木质纤维重新获得其固有的物理力学性能。动态塑化条件下木粉粒子具有变形能力，能够以高效率进行塑性加工，获得高性能的复合材料产品。

参 考 文 献

王清文，欧荣贤. 2011. 木质纤维材料的热塑性改性与塑性加工研究进展. 林业科学，47（6）：133-142.

Adhikary K B, Park C B, Islam M, et al. 2011. Effects of lubricant content on extrusion processing and mechanical properties of wood flour-high-density polyethylene composites. Journal of Thermoplastic Composite Materials, 24（2）：155-171.

Aranguren M I, Mora E, DeGroot J V, et al. 1992. Effect of reinforcing fillers on the rheology of polymer melts. Journal of Rheology, 36（6）：1165-1182.

Bagley E. 1957. End corrections in the capillary flow of polyethylene. Journal of Applied Physics, 28（5）：624-627.

Bardage S, Donaldson L, Tokoh C, et al. 2004. Ultrastructure of the cell wall of unbeaten Norway spruce pulp fibre surfaces. Nordic Pulp and Paper Research Journal, 19：448-482.

Carrino L, Ciliberto S, Giorleo G, et al. 2011. Effect of filler content and temperature on steady-state shear flow of wood/high density polyethylene composites. Polymer Composites, 32（5）：796-809.

Chabrat E, Rouilly A, Evon P, et al. 2010. Relevance of a labscale conical twin screw extruder for thermoplastic starch/PLA blends rheology study. Proceedings of the Polymer Processing Society 26th Annual Meeting-PPS-26. Banff, 5.

Chowdhury S, Frazier C E. 2013. Thermorheological complexity and fragility in plasticized lignocellulose. Biomacromolecules, 14（4）：1166-1173.

Cogswell F. 1977. Stretching flow instabilities at the exits of extrusion dies. Journal of Non-Newtonian Fluid Mechanics, 2（1）：37-47.

Colom X, Carrillo F, Nogues F, et al. 2003. Structural analysis of photodegraded wood by means of FTIR spectroscopy. Polymer Degradation and Stability, 80（3）：543-549.

Donaldson L. 1994. Mechanical constraints on lignin deposition during lignification. Wood Science and Technology, 28（2）：111-118.

Drda P P, Wang S Q. 1995. Stick-slip transition at polymer melt/solid interfaces. Physical Review Letters, 75（14）：2698.

Duchesne I, Takabe K, Daniel G. 2003. Ultrastructural localisation of glucomannan in kraft pulp fibres. Holzforschung, 57（1）：62-68.

Faix, O. 1992. Fourier transform infrared spectroscopy. In: Lin S Y, Dence C W. Methods in Lignin Chemistry. Berlin: Springer-Verlag, 83-109.

Fengel D, Ludwig M. 1991. Possibilities and limits of the FTIR spectroscopy for the characterization of cellulose. Pt. 1: Comparison of various cellulose fibres and bacteria cellulose. Papier, 45（2）：45-51.

Gadala-Maria F, Acrivos A. 1980. Shear-induced structure in a concentrated suspension of solid spheres. Journal of Rheology, 24：799.

Gibson R F. 1994. Principles of composites material mechanics. New York: McGraw-Hill.

González-Sánchez C, Fonseca-Valero C, Ochoa-Mendoza A, et al. 2011. Rheological behavior of original and recycled cellulose-polyolefin composite materials. Composites Part A: Applied Science and Manufacturing, 42（9）：1075-1083.

Hafrén J, Fujino T, Itoh T. 1999. Changes in cell wall architecture of differentiating tracheids of Pinus thunbergii during lignification. Plant and Cell Physiology, 40 (5): 532-541.

Hafrén J, Fujino T, Itoh T, et al. 2000. Ultrastructural changes in the compound middle lamella of Pinus thunbergii during lignification and lignin removal. Holzforschung, 54 (3): 234-240.

Han Z, Zeng X A, Zhang B S, et al. 2009. Effects of pulsed electric fields (PEF) treatment on the properties of corn starch. Journal of Food Engineering, 93 (3): 318-323.

Hatzikiriakos S G. 2012. Wall slip of molten polymers. Progress in Polymer Science, 37 (4): 624-643.

Horvath B, Peralta P, Frazier C, et al. 2011. Thermal softening of transgenic aspen. BioResources, 6 (2): 2125-2134.

Hosseinaei O, Wang S, Enayati A A, et al. 2012. Effects of hemicellulose extraction on properties of wood flour and wood-plastic composites. Composites Part A: Applied Science and Manufacturing, 43 (4): 686-694.

Hristov V, Takacs E, Vlachopoulos J. 2006. Surface tearing and wall slip phenomena in extrusion of highly filled HDPE/wood flour composites. Polymer Engineering Science, 46 (9): 1204-1214.

Hristov V, Vlachopoulos J. 2007a. Influence of coupling agents on melt flow behavior of natural fiber composites. Macromolecular Materials and Engineering, 292 (5): 608-619.

Hristov V, Vlachopoulos J. 2007b. A study of viscoelasticity and extrudate distortions of wood polymer composites. Rheologica Acta, 46 (5): 773-783.

Hristov V, Vlachopoulos J. 2008. Effects of polymer molecular weight and filler particle size on flow behavior of wood polymer composites. Polymer Composites, 29 (8): 831-839.

Intawong N, Kantala C, Lotaisong W, et al. 2011. A die rotating system for moderations of extrusion load and pressure drop profiles for molten PP and wood/polypropylene composites in extrusion processes. Journal of Applied Polymer Science, 120 (2): 1006-1016.

Itoh T, Ogawa T. 1993. Molecular architecture of the cell wall of poplar cells in suspension culture, as revealed by rapid-freezing and deep-etching techniques. Plant and Cell Physiology, 34 (8): 1187-1196.

Jung S, Foston M, Sullards M C, et al. 2010. Surface characterization of dilute acid pretreated Populus deltoides by ToF-SIMS. Energy Fuels, 24 (2): 1347-1357.

Junior C S, Milagres A M F, Ferraz A, et al. 2013. The effects of lignin removal and drying on the porosity and enzymatic hydrolysis of sugarcane bagasse. Cellulose, 20 (6): 3165-3177.

Kaiyaded W, Wimolmala E, Harnnarongchai W, et al. 2012. Rotating die technique for sharkskin minimization in highly viscous wood/PP composite melt in an extrusion die. Journal of Applied Polymer Science, 125 (3): 2312-2321.

Keckes J, Burgert I, Frühmann K, et al. 2003. Cell-wall recovery after irreversible deformation of wood. Nature Materials, 2 (12): 810-813.

Kitano T, Kataoka T, Nagatsuka Y. 1984. Shear flow rheological properties of vinylon-and glass-fiber reinforced polyethylene melts. Rheologica Acta, 23 (1): 20-30.

López J P, Gironès J, Mendez J A, et al. 2013. Impact and flexural properties of stone-ground wood pulp-reinforced polypropylene composites. Polymer Composites, 34 (6): 842-848.

Li H, Law S, Sain M. 2004. Process rheology and mechanical property correlationship of wood flour-polypropylene composites. Journal of Reinforced Plastics and Composites, 23 (11): 1153-1158.

Li T, Wolcott M P. 2005. Rheology of wood plastics melt. Part 1. Capillary rheometry of HDPE filled with maple. Polymer Engineering Science, 45 (4): 549-559.

Li T, Wolcott M P. 2006. Rheology of wood plastics melt, part 2: Effects of lubricating systems in HDPE/maple composites. Polymer Engineering Science, 46 (4): 464-473.

Marcovich N, Reboredo M M, Aranguren M. 2001. Modified woodflour as thermoset fillers: II. Thermal degradation of wood flours and composites. Thermochimica Acta, 372 (1): 45-57.

Marcovich N E, Reboredo M M, Kenny J, et al. 2004. Rheology of particle suspensions in viscoelastic media. Wood flour-polypropylene melt. Rheologica Acta, 43 (3): 293-303.

Mohebby B. 2005. Attenuated total reflection infrared spectroscopy of white-rot decayed beech wood. International Biodeterioration and Biodegradation, 55 (4): 247-251.

Mukherjee A, Ganguly P, Sur D. 1993. Structural mechanics of jute: The effects of hemicellulose or lignin removal. Journal of the Textile Institute, 84 (3): 348-353.

Nayak S K, Mohanty S, Samal S K. 2009. Influence of short bamboo/glass fiber on the thermal, dynamic mechanical and rheological properties of polypropylene hybrid composites. Materials Science and Engineering: A, 523 (1): 32-38.

Olsson A M, Salmén L. 1997. The effect of lignin composition on the viscoelastic properties of wood. Nordic Pulp and Paper Research Journal, 12: 140-144.

Ou R, Wang Q, Wolcott M P, et al. 2014. Effects of chemical modification of wood flour on the rheological properties of high density polyethylene blends. Journal of Applied Polymer Science, 131: 41200.

Ou R, Xie Y, Wang Q, et al. 2014. Thermal, crystallization, and dynamic rheological behavior of wood particle/HDPE composites: Effect of removal of wood cell wall composition. Journal of Applied Polymer Science, 131 (11): 5499-5506.

Ou R, Xie Y, Wolcott M P, et al. 2014. Morphology, mechanical properties, and dimensional stability of wood fiber/HDPE composites: Effect of removal of wood cell wall composition. Materials Design, 58: 339-345.

Ou R, Zhao H, Sui S, et al. 2010. Reinforcing effects of Kevlar fiber on the mechanical properties of wood-flour/ high-density-polyethylene composites. Composites Part A: Applied Science and Manufacturing, 41 (9): 1272-1278.

Pötschke P, Fornes T, Paul D. 2002. Rheological behavior of multiwalled carbon nanotube/polycarbonate composites. Polymer, 43 (11): 3247-3255.

Pandey K, Pitman A. 2003. FTIR studies of the changes in wood chemistry following decay by brown-rot and white-rot fungi. International Biodeterioration and Biodegradation, 52 (3): 151-160.

Prashantha K, Soulestin J, Lacrampe M, et al. 2009. Masterbatch-based multi-walled carbon nanotube filled polypropylene nanocomposites: Assessment of rheological and mechanical properties. Composites Science and Technology, 69 (11): 1756-1763.

Quijano-Solis C, Yan N, Zhang S. 2009. Effect of mixing conditions and initial fiber morphology on fiber dimensions after processing. Composites Part A: Applied Science and Manufacturing, 40 (4): 351-358.

Rajabian M, Dubois C. 2006. Polymerization compounding of HDPE/Kevlar composites. I. Morphology and mechanical properties. Polymer Composites, 27 (2): 129-137.

Romani F, Corrieri R, Braga V, et al. 2002. Monitoring the chemical crosslinking of propylene polymers through rheology. Polymer, 43 (4): 1115-1131.

Roy A, Chakraborty S, Kundu S P, et al. 2012. Improvement in mechanical properties of jute fibres through mild alkali treatment as demonstrated by utilisation of the Weibull distribution model. Bioresource Technology, 107: 222-228.

Schwanninger M, Rodrigues J, Pereira H, et al. 2004. Effects of short-time vibratory ball milling on the shape of FT-IR spectra of wood and cellulose. Vibrational Spectroscopy, 36 (1): 23-40.

Shams M I, Yano H. 2011. Compressive deformation of phenol formaldehyde (PF) resin-impregnated wood related to the molecular weight of resin. Wood Science and Technology, 45 (1): 73-81.

Stark N M, Rowlands R E. 2003. Effects of wood fiber characteristics on mechanical properties of wood/polypropylene composites. Wood and Fiber Science, 35 (2): 167-174.

Sticklen M B. 2008. Plant genetic engineering for biofuel production: Towards affordable cellulosic ethanol. Nature Reviews Genetics, 9 (6): 433-443.

Terashima N, Awano T, Takabe K, et al. 2004. Formation of macromolecular lignin in ginkgo xylem cell walls as observed by field emission scanning electron microscopy. Comptes Rendus Biologies, 327 (9): 903-910.

Voelker S L, Lachenbruch B, Meinzer F C, et al. 2011. Reduced wood stiffness and strength, and altered stem form, in young antisense 4CL transgenic poplars with reduced lignin contents. New Phytologist, 189 (4): 1096-1109.

Wang M, Wang W, Liu T, et al. 2008. Melt rheological properties of nylon 6/multi-walled carbon nanotube composites. Composites Science and Technology, 68 (12): 2498-2502.

Wang Q, Ou R, Shen X, et al. 2011. Plasticizing cell walls as a strategy to produce wood-plastic composites with high wood content by extrusion processes. BioResources, 6 (4): 3621-3622.

Wu G, Song Y, Zheng Q, et al. 2003. Dynamic rheological properties for HDPE/CB composite melts. Journal of Applied Polymer Science, 88 (9): 2160-2167.

Yang H-S, Wolcott M P, Kim H-S, et al. 2007. Effect of different compatibilizing agents on the mechanical properties of lignocellulosic material filled polyethylene bio-composites. Composite Structures, 79 (3): 369-375.

Yao F, Wu Q, Lei Y, et al. 2008. Rice straw fiber-reinforced high-density polyethylene composite: Effect of fiber type and loading. Industrial Crops and Products, 28 (1): 63-72.

Zhang J J, Park C B, Rizvi G M, et al. 2009. Investigation on the uniformity of high-density polyethylene/wood fiber composites in a twin-screw extruder. Journal of Applied Polymer Science, 113 (4): 2081-2089.

第 5 章 离子液体处理木粉对 HDPE 复合材料流变性能的影响

5.1 引　言

从第 2 章和第 4 章的研究结果可以发现，去木质素能够降低木粉（WF）的刚性（Ou et al.，2015），赋予其较高的热塑性，去木质素纤维（HC）在挤出加工过程中表现出较高的热变形能力，从而使得 WPC 熔体更容易挤出成型，提高了加工效率（Ou et al.，2014a）。HC/HDPE 复合材料的拉伸强度、模量和断裂伸长率均比 WF/HDPE 复合材料略有提高，但是冲击强度略有降低（Ou et al.，2014b），说明去木质素并没有丧失木粉对 HDPE 的增强效果。去半纤维素纤维（HR）的刚性提高、热塑性降低（Ou et al.，2015），在挤出过程中热变形能力较差，从而提高了 HR/HDPE 熔体的黏度（Ou et al.，2014a）。从上述结果可以推断，提高细胞壁的热塑性能够改善 WPC 的加工性能。

第 2 章的研究结果发现，离子液体（IL）能够显著降低木粉的刚性，赋予其优异的热塑性（Ou et al.，2015）。在第 3 章中，IL 处理杨木边材在高温和很小的压力（0.8MPa）下能够发生显著的热塑性变形（>50%），且细胞壁未被破坏，冷却至室温后，97%以上的应变能够被固定住（Ou et al.，2014c）。由此我们推测，IL 处理木粉在挤出加工过程中必然会发生明显的热塑性变形，从而利于 WPC 的挤出成型。从另一方面考虑，IL 是一种高极性的塑化剂，它在木粉表面的聚集必将提高木粉的极性，增强木粉-木粉之间的相互作用力，加剧木粉在聚合物基体中的团聚（Zhang et al.，2009）。此外，由于木粉表面极性的提高，其与非极性的聚合物基体之间的界面张力也将提高（Khoshkava and Kamal，2013）。木粉团聚和界面张力的增大将提高 WPC 熔体的黏度，降低加工性能（Huang and Zhang，2009；Li and Wolcott，2006）。由此我们提出疑问，IL 处理木粉在挤出加工过程中的动态塑化能否改善 WPC 的加工性能？

本章将考察 IL 处理木粉对高密度聚乙烯复合材料加工流变性能的影响。

5.2 实　验　部　分

5.2.1 主要原料

（1）木粉：60～100 目杨木边材木粉，产地与 2.2.1 节中一致，制备方法与 2.2.3 节中一致，使用前在 105℃下干燥 24h。

（2）高密度聚乙烯（HDPE）：中国石油大庆石化公司，牌号 5000S，密度为 0.954g/cm^3，熔体流动指数为 0.7g/10min（190℃/2.16kg，ASTM D1238）。将 HDPE 颗粒粉碎成粉末备用。

（3）离子液体（IL）：氯化 1-(2-羟乙基)-3-甲基咪唑（[Hemim]Cl），纯度为 99.0%，熔点为 88℃，中国科学院兰州物理化学研究所。

5.2.2 主要仪器及设备

本章所用的主要仪器及设备见表 5-1。

表 5-1 主要仪器及设备

名称	型号	生产厂家
同向旋转双螺杆挤出机	Leistritz ZSE-18	Leistritz Extrusionstechnik GmbH, Germany
注射成型机	SE50D	Sumitomo Heavy Industries, Japan
微型注射成型机	Haake MiniJet	Thermo Scientific, USA
粉末压片机	FW-4	安合盟（天津）科技发展有限公司
X 射线衍射仪	D/max 2200	Rigaku, Japan
热重分析仪	SDTQ600	TA Instruments, USA
场发射扫描电子显微镜	Quanta 200F	FEI Co., Holland
动态力学分析仪	Q800	TA Instruments, USA
微型混合流变仪	HaakeMinilabRheomex CTW5	Thermo Scientific, USA
转矩流变仪	Haake Rheomix 600p	Thermo Scientific, USA
单料筒毛细管流变仪	Acer 2000	Rheometric Scientific, USA
旋转流变仪	Discovery HR-2	TA Instruments, USA

5.2.3 离子液体处理木粉

将一定量的[Hemim]Cl 溶于无水乙醇，搅拌形成均匀溶液。将干燥木粉放置在烧杯中，边搅拌木粉边将溶液喷洒在木粉上，搅拌均匀后密封，在通风橱中放置 4h。将处理后的木粉在 60℃下真空干燥 24h，然后用塑料袋密封备用。处理后[Hemim]Cl 占木粉的比例如表 5-2 所示。

表 5-2 复合材料配方

样品名称	WF（wt%）	HDPE（wt%）	[Hemim]Cl（wt%）
未处理样	40	60	0
1%	40	59	1
3%	40	57	3
5%	40	55	5

为了模拟在挤出过程中，在高温、螺杆压力和[Hemim]Cl 的交互作用下木粉结晶结构的变化，采用粉末压片机将[Hemim]Cl 处理前后的木粉在 180℃，10MPa 下热压 20min，同时将在 25℃，10MPa 下压 20min 的样品作为对比样。压缩后的样品立即用于 XRD 测试。

5.2.4 WPC 共混物的制备

采用 Leistritz ZSE-18 型同向旋转双螺杆挤出机（螺杆直径为 18mm，长径比为 40)（Leistritz Extrusionstechnik GmbH，Germany）按表 5-2 中配比对木粉和 HDPE 进行熔融共混，螺杆转速 100r/min，温度 150～175℃。挤出机配有定体积喂料器和线料切粒机，挤出线料在空气中冷却后造粒。

采用 SE50D 型注射成型机（Sumitomo Heavy Industries，Japan）将挤出粒料注射成标准冲击测试样条，用于扫描电镜分析，试件尺寸为 63.5mm×12.7mm×3mm。

5.2.5 表征方法

5.2.5.1 X 射线衍射（XRD）分析

采用 D/max 2200 型 X 射线衍射仪（Rigaku，Tokyo，Japan）对样品进行物相分析。具体测试参数为：Cu 靶 K_α 辐射，λ=1.5406Å，加速器电压为 40kV，管电流为 30mA，扫描范围为 2θ=5°～40°，扫描速率为 1°/min。根据 Segal 方法计算样品的相对结晶度 CrI（Segal et al.，1959）。

5.2.5.2 动态力学分析

通过 Q800 型动态力学分析仪（TA Instruments，USA），采用粉末样品夹（MP-DMA）对木粉的动态黏弹性进行测试。MP-DMA 的详细介绍见 2.2.6.3 节。具体测试参数为：振动频率为 1Hz，振幅为 15μm，温度范围为–25～200℃，升温速率为 3℃/min。对新样品重复测试 5 次，取平均值。

5.2.5.3 TGA 分析

采用 SDTQ600 型热重分析仪（TA Instruments，USA）在氮气气氛下对样品的热稳定性进行测试，氮气流量为 100mL/min，升温速率为 3℃/min，从室温升温至 600℃，样品重量为 6～8mg。对每种试件的新样品重复测试 3 次，取平均值。

5.2.5.4 微观形貌分析

将冲击测试样条放置于液氮中冷却 10min，取出后迅速掰断并截取断面；用

CR-X 型冷冻超薄切片机垂直样条注射方向，在–120℃下用玻璃刀片对样条进行切割，得到光滑平整的切割面。对脆断面和切割面进行喷金处理，采用 Quanta 200F 型场发射扫描电子显微镜（FEI Co., Holland）在加速电压为 30kV 下观察其形貌特征。

5.2.5.5 微型混合流变仪测试

测试方法与 4.2.5.5 节中一致。

5.2.5.6 转矩流变仪测试

测试方法与 4.2.5.6 节中一致。

5.2.5.7 毛细管流变仪测试

采用 Acer 2000 型螺杆驱动单料筒毛细管流变仪（Rheometric Scientific, USA）测试 WPC 的剪切流变行为。料筒直径和长度分别为 20mm 和 320mm，测试温度为 175℃，剪切速率范围为 20～2000s^{-1}，换算成挤出速率为 0.15～15.00m/min。所用毛细管口模直径 D=2mm，长分别为 L=0.2mm、10mm、20mm 和 30mm，入角为 180°。采用零长毛细管（L=0.2mm）对测试结果进行入口压力降校正，并通过 Bagley 校正（Bagley, 1957）对校正结果进行校验。测试前，对物料进行预压，以保证熔体被压密实，每种配方对新挤出粒料重复测试 3 次。

5.2.5.8 旋转流变仪测试

测试方法与 4.2.5.8 节中一致。

5.3 离子液体处理木粉对 HDPE 复合材料流变性能的影响

5.3.1 XRD 分析

表 5-3 为[Hemim]Cl 处理前后木粉在 25℃和 180℃下压缩 20min 后的结晶度指数（CrI）。对木粉进行热压来模拟挤出条件下[Hemim]Cl 对木粉结晶结构的影响。[Hemim]Cl 处理及压缩没有改变纤维素的结晶结构，仍为纤维素 I 型。在 25℃下压缩，[Hemim]Cl 对木粉的 CrI 几乎没有影响，而在 180℃下热压后，处理木粉的 CrI 随着[Hemim]Cl 含量的增加而降低，[Hemim]Cl 含量为 5wt%时，从 65.3%降至 60.5%。CrI 的降低是由于纤维素结晶区分子内和分子间氢键被破坏，在高温和高压条件下，纤维素大分子链的链段运动加剧，[Hemim]Cl 对纤维素羟基的亲和力更强。由此我们可以推测，[Hemim]Cl 处理木粉在挤出过程中经历高温和剪切力的共同作用，纤维素发生了消晶化。

表 5-3　木粉分别在 25℃和 180℃下压缩后的相对结晶度（CrI）

样品	未处理样	1%	3%	5%
CrI（25℃）	64.5%	64.5%	64.2%	64.1%
CrI（180℃）	65.3%	64.1%	62.8%	60.5%

5.3.2　DMA 分析

图 5-1 为采用 MP-DMA 测试[Hemim]Cl 处理前后木粉的动态力学分析曲线，从图中可以看出，所有样品的归一化储能模量（E'/E'_{max}）随着温度升高而降低，这是由于木材细胞壁大分子在高温下热运动加强。[Hemim]Cl 处理后，木粉的 E'/E'_{max} 明显降低，且随[Hemim]Cl 含量增加，降低幅度增大。E'/E'_{max} 的降低是由于纤维素晶区和非晶区的氢键，以及无定形基体半纤维素和木质素内的氢键被破坏（Ou et al., 2015; Ou et al., 2014c），从而降低了木材的刚性，提高了木粉的热塑性和可变形能力。热塑性提高在高温下表现得更为突出，因为高温使得[Hemim]Cl 与木材羟基的亲和力加强，这与 5.3.1 节中 XRD 的测试结果相一致。我们的前期研究结果发现，[Hemim]Cl 处理杨木在较低压力（0.8MPa）下的升温压缩测试中发生显著的变形，而未处理素材基本不发生变化（Ou et al., 2014b）。

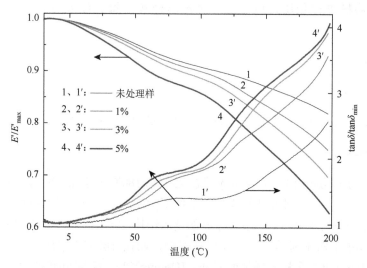

图 5-1　未处理和[Hemim]Cl 处理木粉的归一化储能模量和损耗因子

随着[Hemim]Cl 含量的增大，归一化损耗因子 $\tan\delta/\tan\delta_{min}$ 的幅值增大，且松弛峰向低温方向移动，这说明处理木粉在测试过程中，[Hemim]Cl 提高了细胞壁大分子的运动能力，从而使木材被软化（Ou et al., 2015; Ou et al., 2014c）。

5.3.3 TGA 分析

图 5-2 为复合材料在氮气气氛下的热降解曲线。在本章中，定义样品在 150℃ 下的质量为初始质量，质量损失为 1%时的温度为起始降解温度（T_{on}）。未处理 WPC 的 DTG 曲线表现出三个热降解峰：在 250～320℃ 范围内的肩峰对应于半纤维素、部分木质素和无定形纤维素的热降解；在 320～400℃ 范围内的热降解峰归因于纤维素的裂解（Ouajai and Shanks，2005），第三个峰对应于 HDPE 的降解，在 430℃ 左右开始，510℃ 时基本上完全降解。[Hemim]Cl 处理木粉的 T_{on} 和 DTG 峰温度随着[Hemim]Cl 含量的增加而降低，在[Hemim]Cl 含量为 5wt%时，T_{on} 从未处理样品的 247℃ 降低至 231℃，纤维素的 DTG 峰值从 362℃ 降至 356℃。随着[Hemim]Cl 含量增加，DTG 曲线中第一个肩峰向低温方向移动，且峰高和分辨率增大，这是由于[Hemim]Cl 的热降解与细胞壁大分子的热降解峰重叠所致。

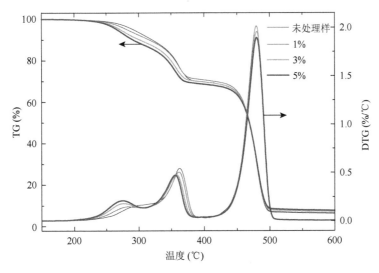

图 5-2 复合材料的热降解曲线

上述结果表明，[Hemim]Cl 也发生了降解，且[Hemim]Cl 的降解产物促进了细胞壁组分的降解。[Hemim]Cl 的主要降解产物为 CH_3Cl，它能够与木材中吸附的 H_2O 发生反应产生甲醇和 HCl（Wendler et al.，2012），HCl 能够催化[Hemim]Cl 和木粉降解。添加[Hemim]Cl 未改变 HDPE 的 DTG 峰位置，说明[Hemim]Cl 没有改变 HDPE 的降解模式。从图 5-3 可以看出，5wt%的[Hemim]Cl 处理 WPC 熔体在 Minilab 的狭缝流道中循环 20min 后，颜色变深，说明物料在共混工程中发生了热降解。

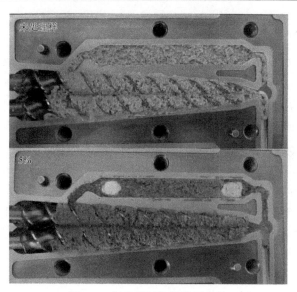

图 5-3　复合材料的热降解曲线

5.3.4　复合材料微观形貌分析

图 5-4 为复合材料切面的 SEM 照片，其中，图 5-4（a）和图 5-4（d）为平行熔体流动方向的切面，图 5-4（b）和图 5-4（e）为垂直熔体流动方向的切面，图 5-4（c）

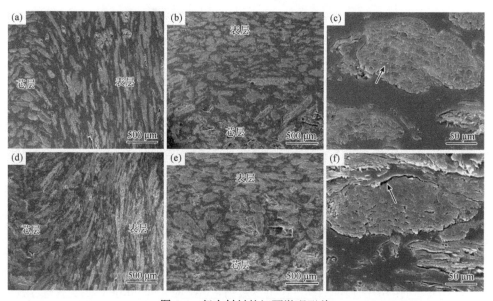

图 5-4　复合材料的切面微观形貌

（a）～（c）未处理材；（d）～（f）5%[Hemim]Cl 处理材。其中（a）和（d）为平行熔体流动方向，
（b）、（c）、（e）和（f）为垂直熔体流动方向

和图 5-4（f）分别为图 5-4（b）和图 5-4（e）的局部放大图。如图 5-4（a）和图 5-4（b）所示，在未处理 WPC 注射样条的表层，绝大部分木粉沿着熔体流动方向排列，并且很少有木粉发生团聚；但是在样条芯层，木粉随机地分布在 HDPE 基体中。在 5wt%的[Hemim]Cl 处理的 WPC 样条中，木粉随机地分布在整个切面中，并且发生严重的团聚，如图 5-4（d）和图 5-4（e）所示。这种现象发生的原因可能是由于 5wt%的[Hemim]Cl 的添加，使得 HDPE 的含量从 60%降至 55%，HDPE 在切面上所占的面积比降低。此外，与未处理木粉相比，由于高极性的[Hemim]Cl 被吸附在木粉表面，处理木粉的极性增大，很容易发生团聚，在加工过程中很难均匀地分散在基体中。

由图 5-4（c）可见，未处理木粉的细胞结构基本保持完好，细胞腔被 HDPE 所填充（箭头所指），而[Hemim]Cl 处理木粉的细胞壁被高度压缩[图 5-4（f）]。这一差异说明，[Hemim]Cl 在高温高压下能够有效地塑化木材细胞壁，在挤出加工中发生热塑性变形，这与我们第 2 章和第 3 章的研究结果相符（Ou et al.，2015；Ou et al.，2014c）。与未处理 WPC 相比，5wt%[Hemim]Cl 处理的 WPC 中，WF 与 HDPE 之间存在更加明显的间距[图 5-4（f）箭头所指]，说明二者之间的界面相结合减弱，界面张力增大。

5.3.5　微量混合流变仪分析

图 5-5 为 WPC 熔体在 Minilab 中转矩与压力降（ΔP）随时间的变化关系，由图可见，添加 1wt%的[Hemim]Cl 降低了 WPC 熔体的转矩和ΔP，这可能归因于木粉 CrI 的降低以及热塑性和可变形性的提高（Ou et al.，2015；Ou et al.，2014c），而木粉柔韧性的增加能够降低熔体黏度，改善 WPC 的加工性能（Ou et al.，2014a）。如果熔体转矩和ΔP与木粉的热塑性和可变形性呈负相关的话，它们应该随着[Hemim]Cl 含量的增加而继续降低，但是，[Hemim]Cl 含量的进一步增加导致了熔体转矩和ΔP的显著提高，WPC 熔体的转矩、SME、ΔP和表观剪切黏度在[Hemim]Cl 的添加量为 5wt%时最大（表 5-4）。

当木粉含量保持在 40wt%不变，增加[Hemim]Cl 的含量降低了 HDPE 在配方中的比例。为了检测熔体转矩和ΔP的增加是否因为 HDPE 比例降低所造成，我们提高了 HDPE 与木粉的比例，使之与未处理样品一致，即 HDPE：WF=2：3，从图 5-5 可以看到，提高 HDPE 比例后，熔体转矩和ΔP略有降低，但是仍远远高于未处理空白样。因此，导致熔体转矩和ΔP增大的主要原因可能是由于 IL 处理木粉表面极性增大所导致的木粉团聚和木粉与 HDPE 之间的界面张力增大所引起的。

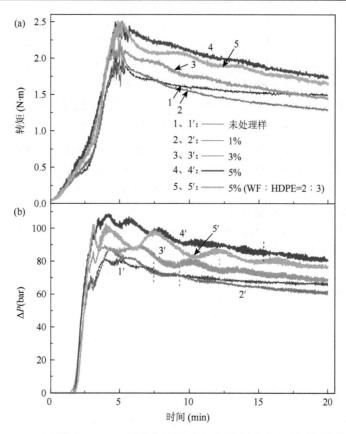

图 5-5 WPC 熔体在 Minilab 测试中转矩（a）和压力降（b）随时间变化关系

表 5-4 WPC 熔体的比机械能（SME）、表观黏度、剪切发热（ΔT）和平衡转矩（T_e）

样品名称	SME（J/g）[a]	表观黏度（Pa·s）[a]	ΔT（℃）[b]	T_e（N·m）[b]
未处理样	1 151.3	548.6	19.9	14.46
1%	1 096.9	511.4	19.8	14.33
3%	1 256.0	576.5	20.8	15.08
5%	1 465.3	679.4	23.5	16.16

a. 数值由 Minilab 测试得到。
b. 数值由转矩流变仪测试得到。

众所皆知，[Hemim]Cl 具有高极性，它在木粉表面的积聚使得木粉极性增大，从而加剧了木粉颗粒之间的相互作用，导致木粉团聚，很难在 HDPE 基体中均匀地分散开，因而限制了 HDPE 大分子链的运动（Khoshkava and Kamal，2013）。此外，木粉与 HDPE 之间的界面张力增大 [图 5-4（f）]，是熔体转矩和 ΔP 增大的另一原因（Li and Wolcott，2006）。这两种因素使得因木粉热塑性提高所引起的熔体黏度降低未体现出来，因此，木粉在HDPE基体中的分散性是决定WPC加工性能的主导因素。

从图5-5（b）可以看到，在喂料结束后熔融共混的初始阶段，在Minilab的狭缝流道中存在压力振荡，这是由于木粉颗粒未被HDPE完全润湿。对于未处理空白样，压力振荡在喂料结束后的4min左右消失，熔体压力变得稳定，这说明木粉已经均匀地分散在HDPE基体中。添加[Hemim]Cl延长了压力振荡区，并且[Hemim]Cl含量越大压力振荡时间越长。这说明[Hemim]Cl的添加阻碍了木粉在HDPE中的分散，以及HDPE对木粉的包覆。木粉团聚体在狭缝流道中的流动性能差，在流经出口处时，由于狭缝截面变小，出口处熔体流速减慢、压力增大，当压力大于极限值时，出口处熔体被快速推出，熔融压力降低，从而表现出脉冲式活塞流，出现压力振荡。添加[Hemim]Cl的WPC熔体转矩随着混合时间延长而持续降低，并未达到稳定状态，这可能是在混炼后期由于[Hemim]Cl和木粉降解所致。

5.3.6 转矩流变仪分析

WPC熔体的转矩和温度随时间变化关系如图5-6所示，在加料阶段熔体迅速增加到最大值，然后逐渐降低并达到稳定状态。添加1wt%的[Hemim]Cl使熔体的T_e和ΔT略有降低，进一步增加[Hemim]Cl含量，熔体T_e和ΔT均增加，[Hemim]Cl添加量为5wt%时，熔体的T_e和ΔT达到最大值，分别为23.5℃和16.16N·m。ΔT随[Hemim]Cl含量增加是由于木粉的团聚加剧了木粉颗粒之间的碰撞和摩擦，剪切发热增大。

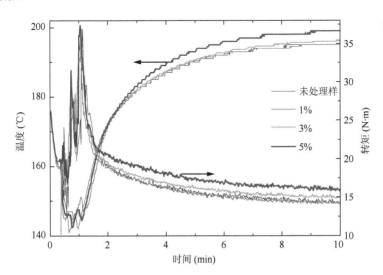

图5-6 WPC熔体在转矩流变测试中转矩和温度随时间的变化关系

5.3.7 毛细管流变仪分析

图 5-7 为 WPC 熔体在剪切速率范围为 $20\sim2000s^{-1}$ 内，壁面剪切应力和表观剪切黏度与表观剪切速率之间的关系，在此剪切速率范围内，对应熔体的挤出速率为 $0.3\sim30.0m/min$。从图 5-7（a）可见，熔体挤出出现三个区域，分别为鲨鱼皮畸变区（Ⅰ）、黏-滑区（Ⅱ）和第二光滑区（Ⅲ），这三个区域所对应的物理意义已在第 4 章详细介绍，在本章将不再赘述。

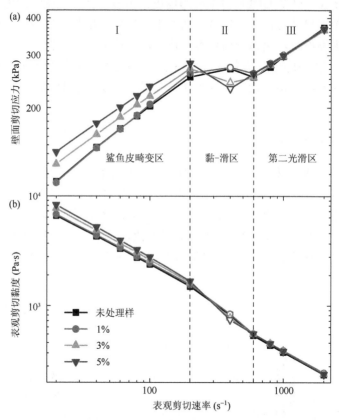

图 5-7 WPC 熔体壁面剪切应力（a）和表观剪切黏度（b）随表观剪切速率变化
空心符号表示黏-滑区，此区间数据点为平均值

在较低剪切速率下，添加 1wt%的[Hemim]Cl 基本上未改变熔体的剪切应力，这是由于因木粉热塑性提高所造成的熔体剪切应力降低被因木粉颗粒相互作用增强所造成的剪切应力提高抵消了，进一步增加[Hemim]Cl 含量，剪切应力增大。当剪切应力大于第二临界应力 σ_{c2} 时，进入黏-滑区，熔体压力开始发生持续的周期性振荡（图 5-8），挤出物表面粗糙和光滑区域交替出现 [图 5-9（c）]。在此区

域内，剪切应力随着[Hemim]Cl 含量增加反而降低，压力振荡幅度也随着[Hemim]Cl 含量增加逐渐降低，如图 5-8 所示，添加 5wt%[Hemim]Cl 的 WPC 熔体在剪切速率为 400s^{-1}（挤出速率为 6m/mim）时，压力振动消失，熔体流动变得稳定，直接从鲨鱼皮畸变区（Ⅰ）转变到第二光滑区（Ⅲ），黏-滑区（Ⅱ）消失或缩短。这是由于[Hemim]Cl 在 WPC 熔体中充当着内润滑剂和外润滑剂的双重角色，既能塑化木材细胞壁，又能在熔体与毛细管口模间形成润滑层，降低二者之间的黏着，促进壁面滑移，从而降低了熔体的剪切应力。这一结果说明，在高速挤出过程中，[Hemim]Cl 有利于 WPC 的挤出加工，可以降低熔体剪切应力和拓宽加工窗口，在较宽的挤出速率下获得稳定的流动和光滑的产品表面。进一步提高剪切速率，进入第二光滑区（Ⅲ）后，添加[Hemim]Cl 对熔体剪切应力影响不大。

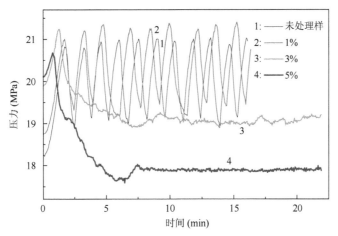

图 5-8　黏-滑区 WPC 熔体压力振动（$\dot{\gamma}_a$=400s^{-1}，L/D=15）

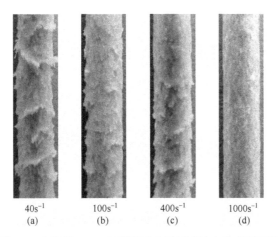

图 5-9　未处理 WPC 在不同流动区域下挤出物表面形貌

从图 5-7（b）可见，WPC 熔体的稳态剪切黏度均随着剪切速率的增加而降低，表现出假塑性流体的剪切变稀特征。这是因为在剪切应力的作用下，自身相互缠结的 HDPE 分子链逐渐解缠结，并沿着熔体流动方向逐渐取向，从而使熔体的表观黏度降低。[Hemim]Cl 含量对剪切黏度的影响规律与剪切应力相一致，在高剪切速率下，黏度曲线趋于重叠，这是由于木粉在高速挤出过程中，沿着毛细管轴向排列，降低了木粉颗粒之间的相互作用（González-Sánchez et al., 2011），同时 [Hemim]Cl 加速了熔体在毛细管壁面的滑移，因此，不同熔体在高速挤出下，黏度差异不大（Gadala-Maria and Acrivos, 1980）。

5.3.8 旋转流变仪分析

图 5-10 为 WPC 熔体的储能模量（G'）、损耗模量（G''）和复数黏度（η^*）的频率 ω 依赖关系。从图中可以看出，G' 和 G'' 均随[Hemim]Cl 含量增加而增大，相对于高 ω 区域，低 ω 区流变学参数的差异表现得更为明显，这是因为低 ω 区动态

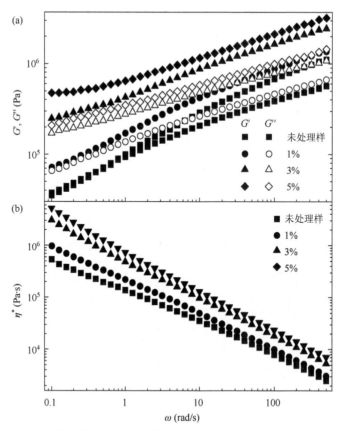

图 5-10　WPC 熔体储能模量 G' 和损耗模量 G''（a）及复数黏度 η^*（b）与频率的关系

流变学参数表征的是聚合物分子链及长链段的运动,而高 ω 区域则是短链段的运动(Nayak et al., 2009)。在低 ω 区,未处理空白样的 G'' 比 G' 大,说明熔体表现出黏性特征,而添加[Hemim]Cl 后,在整个测试 ω 范围内熔体 G' 都比 G'' 大,且随着[Hemim]Cl 含量增大, G' 与 G'' 之间的差异越显著,说明[Hemim]Cl 的添加,使得 WPC 熔体在这个测试 ω 范围内均表现出弹性特征,这是由于木粉颗粒的团聚增加了熔体的刚性。

当[Hemim]Cl 含量≥3wt%,熔体的 G' 和 G'' 对 ω 的依赖性减弱,在低 ω 区表现出似固体行为,也即模量平台或称第二平台现象(Aranguren et al., 1992; Romani et al., 2002; Wu et al., 2003)。似固体行为的出现是由于体系内部出现了如团聚、骨架、网络等三维有序结构的缘故(Prashantha et al., 2009),而上述这些结构的松弛远比聚合物基体缓慢。低 ω 区的黏弹行为,是高分子长链段乃至整个大分子链的运动响应,似固体行为的出现表明大分子运动单元的长时间运动受到限制,而这种限制源于体系中粒子网络结构的形成(Aranguren et al., 1992; Wang et al., 2008; Wu et al., 2003)。由于[Hemim]Cl 含量增加,木粉表面极性增大,木粉颗粒间的相互作用增强,在 HDPE 基体中形成网络结构,从而限制了 HDPE 大分子链段的运动。木粉表面极性的增大提高了木粉与 HDPE 之间的界面张力,导致熔体 G' 和 G'' 增大。

WPC 熔体的 η^* 随着 ω 增大线性降低[图 5-10（b）], η^* 随[Hemim]Cl 含量增加的趋势与 G' 和 G'' 相同,[Hemim]Cl 含量的增加不仅使 WPC 熔体的 η^* 快速增大,也使 η^* 对频率的依赖性增强,剪切变稀的非牛顿行为更显著。这进一步说明了高[Hemim]Cl 含量 WPC 熔体的似固体行为(Lozano et al., 2004)。

5.4 本 章 小 结

（1）XRD 结果表明,[Hemim]Cl 处理木粉在挤出过程中结晶度降低。

（2）木粉经[Hemim]Cl 处理后,热稳定性降低。

（3）随[Hemim]Cl 含量增加,木粉的热塑性增大,处理木粉在挤出过程中发生了热塑性变形。

（4）[Hemim]Cl 处理减弱了木粉与 HDPE 之间的界面结合,木粉在 HDPE 中分散性变差,容易发生团聚。

（5）在低剪切速率下,WPC 熔体的转矩、剪切黏度和剪切应力随[Hemim]Cl 含量增加快速增大；而在高剪切速率下熔体剪切黏度和剪切应力随[Hemim]Cl 含量增加保持不变甚至降低。在高速挤出过程中,[Hemim]Cl 有利于 WPC 的挤出加工,可以降低熔体剪切应力和拓宽加工窗口,在较宽的挤出速率下获得稳定的熔体流动和光滑的产品表面。

（6）储能模量、损耗模量和复数黏度均随[Hemim]Cl 含量增加大幅提高。

（7）木粉颗粒间的相互作用是较高填充量下影响 WPC 挤出加工流变性质的主要因素，在保持木粉极性不变或降低的情况下，木粉的动态塑化能够改善 WPC 的加工性能。

参 考 文 献

Aranguren M I, Mora E, DeGroot J V, et al. 1992. Effect of reinforcing fillers on the rheology of polymer melts. Journal of Rheology, 36（6）: 1165-1182.

Bagley E. 1957. End corrections in the capillary flow of polyethylene. Journal of Applied Physics, 28（5）: 624-627.

Gadala-Maria F, Acrivos A. 1980. Shear-induced structure in a concentrated suspension of solid spheres. Journal of Rheology, 24: 799.

González-Sánchez C, Fonseca-Valero C, Ochoa-Mendoza A, et al. 2011. Rheological behavior of original and recycled cellulose-polyolefin composite materials. Composites Part A: Applied Science and Manufacturing, 42（9）: 1075-1083.

Huang H X, Zhang J J. 2009. Effects of filler-filler and polymer-filler interactions on rheological and mechanical properties of HDPE-wood composites. Journal of Applied Polymer Science, 111（6）: 2806-2812.

Khoshkava V, Kamal M R. 2013. Effect of surface energy on dispersion and mechanical properties of polymer/nanocrystalline cellulose nanocomposites. Biomacromolecules, 14（9）: 3155-3163.

Li T, Wolcott M P. 2006. Rheology of wood plastics melt, part 2: Effects of lubricating systems in HDPE/maple composites. Polymer Engineering Science, 46（4）: 464-473.

Lozano K, Yang S, Zeng Q. 2004. Rheological analysis of vapor-grown carbon nanofiber-reinforced polyethylene composites. Journal of Applied Polymer Science, 93（1）: 155-162.

Nayak S K, Mohanty S, Samal S K. 2009. Influence of short bamboo/glass fiber on the thermal, dynamic mechanical and rheological properties of polypropylene hybrid composites. Materials Science and Engineering: A, 523（1）: 32-38.

Ou R, Xie Y, Wang Q, et al. 2015. Material pocket dynamic mechanical analysis: A novel tool to study of thermal transition of wood fibers plasticized by an ionic liquid. Holzforschung, 69（2）: 223-232.

Ou R, Xie Y, Wolcott M P, et al. 2014a. Effect of wood cell wall composition on the rheological properties of wood fiber/high density polyethylene composites. Composites Science and Technology, 93: 68-75.

Ou R, Xie Y, Wolcott M P, et al. 2014b. Morphology, mechanical properties, and dimensional stability of wood fiber/HDPE composites: Effect of removal of wood cell wall composition. Materials Design, 58: 339-345.

Ou R, Xie Y, Wang Q, et al. 2014c. Thermoplastic deformation of ionic liquids plasticized poplar wood measured by a non-isothermal compression technique. Holzforschung, 68（5）: 555-566.

Ouajai S, Shanks R. 2005. Composition, structure and thermal degradation of hemp cellulose after chemical treatments. Polymer Degradation and Stability, 89（2）: 327-335.

Prashantha K, Soulestin J, Lacrampe M, et al. 2009. Masterbatch-based multi-walled carbon nanotube filled polypropylene nanocomposites: Assessment of rheological and mechanical properties. Composites Science and Technology, 69（11）: 1756-1763.

Romani F, Corrieri R, Braga V, et al. 2002. Monitoring the chemical crosslinking of propylene polymers through rheology. Polymer, 43（4）: 1115-1131.

Segal L, Creely J, Martin A, et al. 1959. An empirical method for estimating the degree of crystallinity of native cellulose using the X-ray diffractometer. Textile Research Journal, 29 (10): 786-794.

Wang M, Wang W, Liu T, et al. 2008. Melt rheological properties of nylon 6/multi-walled carbon nanotube composites. Composites Science and Technology, 68 (12): 2498-2502.

Wendler F, Todi L N, Meister F. 2012. Thermostability of imidazolium ionic liquids as direct solvents for cellulose. Thermochimica Acta, 528: 76-84.

Wu G, Song Y, Zheng Q, et al. 2003. Dynamic rheological properties for HDPE/CB composite melts. Journal of Applied Polymer Science, 88 (9): 2160-2167.

Zhang J, Park C B, Rizvi G M, et al. 2009. Investigation on the uniformity of high-density polyethylene/wood fiber composites in a twin-screw extruder. Journal of Applied Polymer Science, 113 (4): 2081-2089.

第6章 细胞壁化学改性对HDPE复合材料流变性能的影响

6.1 引　　言

从第4章和第5章的研究结果可以看出，影响WPC加工性能有诸多方面的因素，如木粉的表面极性、粒径和粒径分布、长径比、结晶度（CrI）或刚性、热塑性、木粉与聚合物基体的界面张力等。去半纤维素能够降低木粉（WF）的表面极性，改善WF在HDPE中的分散，但是去半纤维素纤维（HR）比WF的长径比和CrI大，这两种因素对WPC熔体黏度的影响结果是HR/HDPE黏度高于WF/HDPE。由此可知，与因去半纤维素造成的木粉表面极性降低所引起的熔体黏度降低相比，因HR长径比和CrI增大所引起的熔体黏度增大对WPC的加工性能影响更显著。这可能是由于去半纤维素对木粉表面极性的降低并不显著。

去木质素能够提高WF的热塑性，去木质素纤维（HC）在高温挤出过程中表现出显著的变形能力，同时HC比WF的长径比和CrI大，这两种因素对WPC熔体黏度的影响结果是HC/HDPE黏度低于WF/HDPE。由此可知，与因HC长径比和CrI增大所引起的熔体黏度增大相比，因HC的热塑性提高所引起的熔体黏度降低对WPC的加工性能影响更显著。木粉的动态塑化能够改善WPC的加工性能。

离子液体（IL）处理显著提高了木粉的热塑性，但同时也显著提高了木粉的表面极性，使得木粉在HDPE基体中容易团聚，分散性变差。这两种因素所带来的结果是，在较低挤出速率下，WPC熔体黏度随IL浓度增加大幅提高。这就说明，与因木粉热塑性提高所引起的熔体黏度降低相比，因IL处理造成的木粉表面极性提高所引起的黏度增大对WPC的加工性能影响更加现在。

由上面的实验结果我们可以推断：木粉表面极性或者木粉-木粉颗粒之间的相互作用是影响WPC加工性能的主导因素。因此，在本章中，我们将对这一推断进行论证。采用戊二醛（GA）和1,3-二羟甲基-4,5-二羟基亚乙基脲（DMDHEU）对木粉进行处理，以实现不同程度地降低木粉表面极性（Xiao et al.，2010；Xie et al.，2010，2011），进而考察它们对WPC加工性能的影响。

6.2　实　验　部　分

6.2.1　主要原料

（1）木粉：40~80目杨木边材木粉，产地与2.2.1节中一致，制备方法与2.2.3

节中一致，使用前在 105℃下干燥 24h。

（2）高密度聚乙烯（HDPE）：中国石油大庆石化公司，牌号 5000S，密度为 0.954g/cm^3，熔体流动指数为 0.7g/10min（190℃/2.16kg，ASTM D1238）。将 HDPE 颗粒粉碎成粉末备用。

6.2.2 化学试剂

（1）戊二醛（GA）：50wt%水溶液，巴斯夫股份公司。

（2）1,3-二羟甲基-4,5-二羟基亚乙基脲（DMDHEU）：50wt%水溶液，巴斯夫股份公司。

（3）$MgCl_2·6H_2O$：分析纯，天津市科密欧化学试剂有限公司，用作 DMDHEU 和 GA 与木粉反应的催化剂。

6.2.3 主要仪器及设备

本章所用的主要仪器及设备见表 6-1。

表 6-1 主要仪器及设备

名称	型号	生产厂家
同向旋转双螺杆挤出机	Leistritz ZSE-18	Leistritz Extrusionstechnik GmbH, Germany
注射成型机	SE50D	Sumitomo Heavy Industries, Japan
微型注射成型机	Haake MiniJet	Thermo Scientific, USA
X 射线衍射仪	D8 Focus	Bruker AXS Ltd., UK
场发射扫描电子显微镜	Quanta 200F	FEI Co., Holland
微型混合流变仪	Haake MinilabRheomex CTW5	Thermo Scientific, USA
转矩流变仪	Haake Rheomix 600p	Thermo Scientific, USA
单料筒毛细管流变仪	Acer 2000	Rheometric Scientific, USA
旋转流变仪	Discovery HR-2	TA Instruments, USA

6.2.4 木粉的化学改性

将干燥木粉浸泡在改性剂溶液中（表 6-2），在真空干燥箱中室温下浸渍 4h，真空度为 0.06MPa。处理木粉过滤脱水后，在室温下风干 24h，再在 60℃下干燥 6h，最后在 120℃下反应 24h。用蒸馏水在同样的程序下处理干燥木粉，用作空白样。所有木粉用塑料袋密封待用。

表 6-2 改性剂溶液配比

改性剂	浓度（wt%）	催化剂	改性剂：催化剂
GA	5，10，15	MgCl$_2$·6H$_2$O	100：15
DMDHEU	5，10，15	MgCl$_2$·6H$_2$O	100：5

6.2.5 WPC 共混物的制备

采用 Leistritz ZSE-18 型同向旋转双螺杆挤出机（螺杆直径为 18mm，长径比为 40）（Leistritz Extrusionstechnik GmbH，Germany）对改性木粉和 HDPE（配方见表 6-3）进行熔融共混，螺杆转速 100r/min，温度 150~175℃。挤出机配有定体积喂料器和线料切粒机，挤出线料在空气中冷却后造粒。

表 6-3 复合材料配方

样品名称	试剂名称	试剂浓度	WF（wt%）	试剂含量（wt%）	HDPE（wt%）
未处理样	—	—	40.0	0.0	60.0
GA5	戊二醛	5%	40.0	1.0	59.0
GA10	戊二醛	10%	40.0	2.2	57.8
GA15	戊二醛	15%	40.0	3.1	56.9
DM5	DMDHEU	5%	40.0	2.7	57.3
DM10	DMDHEU	10%	40.0	6.7	53.3
DM15	DMDHEU	15%	40.0	12.6	47.4

采用 SE50D 型注射成型机（Sumitomo Heavy Industries，Japan）将挤出粒料注射成标准冲击测试样条，用于扫描电镜分析，试件尺寸为 63.5mm×12.7mm×3mm。

6.2.6 表征方法

6.2.6.1 X 射线衍射（XRD）分析

采用 D8 Focus 型 X 射线衍射仪（Bruker AXS Ltd.，UK）对样品进行物相分析。具体测试参数为：Cu 靶 K$_\alpha$ 辐射，λ=1.5406Å，加速器电压为 40kV，管电流为 40mA，扫描范围为 2θ=5°~40°，采用步进式扫描，步长为 0.01°。根据 Segal 方法计算样品的相对结晶度 CrI（Segal et al.，1959）。

6.2.6.2 界面形貌分析

将冲击测试样条放置于液氮中 10min，取出后迅速折断并截取脆断面；用 CR-X

型冷冻超薄切片机垂直样条注射方向，在–120℃下用玻璃刀片对样条进行切割，得到光滑平整的切割面。对脆断面和切割面进行喷金处理，采用 Quanta 200F 型场发射扫描电子显微镜（FESEM）（FEI Co., Holland）在加速电压为 30kV 下观察其形貌特征。

6.2.6.3 微量混合流变仪分析

测试方法与 4.2.5.5 节中一致。

6.2.6.4 转矩流变仪分析

测试方法与 4.2.5.6 节中一致。

6.2.6.5 旋转流变仪分析

测试方法与 4.2.5.8 节中一致。

6.2.6.6 毛细管流变仪分析

测试方法与 5.2.5.7 节中一致，测试温度为 170℃。

6.3 木粉化学改性对 HDPE 复合材料流变性能的影响

6.3.1 GA 和 DMDAEU 与木粉的反应机理

GA 是一种小分子二元醛，理论上能扩散进入细胞壁与细胞壁大分子的四个羟基发生反应，因而可以作为一种木材的交联剂。在催化剂和加热条件下，醛基能与羟基反应生成半缩醛，半缩醛进一步与羟基反应生成缩醛（Xiao et al., 2010; Yasuda et al., 1994），如图 6-1（a）所示。DMDHEU 同样能与羟基发生反应从而交联细胞壁大分子 [图 6-1（b）]，此外，DMDHEU 还能发生自缩合，沉积在细胞壁中而填充细胞腔（Xie et al., 2010）。

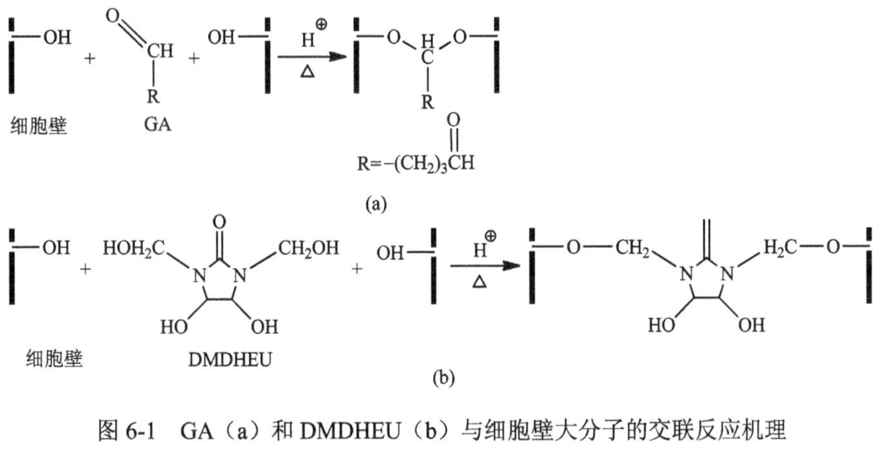

图 6-1 GA（a）和 DMDHEU（b）与细胞壁大分子的交联反应机理

6.3.2 木粉的增重率（WPG）

木粉的 WPG 随着 GA 和 DMDHEU 水溶液浓度的增加不断增大（图 6-2），GA 和 DMDHEU 处理木粉的 WPG 分别为 2.6%～7.2%和 6.3%～23.9%。5wt%的 DMDHEU 溶液处理得到的 WPG 高于 10wt%但低于 15wt%的 GA 溶液处理得到的 WPG。由于木粉处理后未经水浸提，催化剂残留在木粉中，对 WPG 也有小部分贡献。

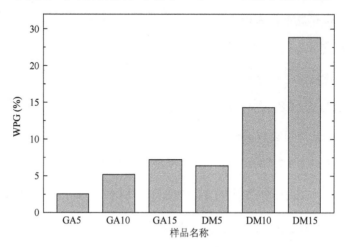

图 6-2　GA 和 DMDHEU 处理木粉的增重率

DM 指 DMDHEU；字母右边的数字代表改性剂的浓度

6.3.3 XRD 分析

如图 6-3 所示，木粉经 15wt%的 GA 和 DMDHEU 处理后，纤维素的结晶结构未发生改变，仍为纤维素 I 型。GA 处理未影响木粉的 CrI，而 DMDHEU 处理

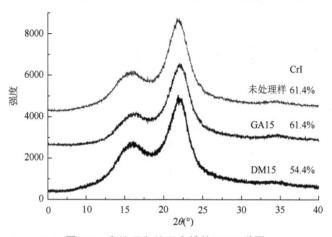

图 6-3　未处理和处理木粉的 XRD 谱图

降低了木粉的 CrI，从素材的 61.4%降低至 54.4%。由于后者具有较高的 WPG（23.9%），远远大于前者的 7.2%，DMDHEU 处理木粉的 CrI 降低可能是由于大量 DMDHEU 沉积在纤维素无定形区，降低了结晶纤维素的比例。

6.3.4 WPC 的微观形貌分析

从图 6-4（a）可见，未处理 WPC 的脆断面有明显的木粉拔出所留下的孔洞，拔出的木粉表面没有黏附 HDPE。在切面上可以观察到木粉团聚，木粉颗粒在切面上呈不均匀分布［图 6-4（b）］，这是由于极性的木粉颗粒间存在较强的相互作用。木粉与 HDPE 之间存在明显的界面脱黏［图 6-4（c）］，说明木粉与 HDPE 的界面结合较弱。从图 6-4（c）可以看到，木粉颗粒经挤压后细胞壁发生变形。与未处理 WPC 相比，木粉经 15wt%的 GA 处理后，WPC 脆断面变得平整，木粉被拉断［图 6-4（d）］，木粉与 HDPE 之间的界面变得模糊［图 6-4（f）］，说明二者之间的界面结合增强。经挤出/注射加工后，大部分 GA 处理的木粉变成碎片，并均匀地分布在 HDPE 基体中［图 6-4（e）］，说明木粉经 GA 处理，由于催化降解、

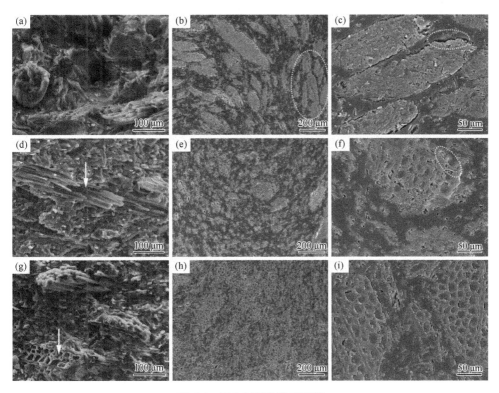

图 6-4 复合材料的微观形貌

（a）～（c）未处理；（d）～（f）15% GA 处理；（g）～（i）15% DMDHEU 处理。其中，（a）、（d）和（g）为脆断面；（b）、（c）、（e）、（f）、（h）和（i）为切断面

交联和填充的作用（Xie et al., 2007, 2010），细胞壁变脆，极性降低。未破裂的 GA 处理木粉的细胞结构保持完好 [图 6-4（d）和图 6-4（f）]，细胞腔被 HDPE 所填充（深色相）[图 6-4（f）]，说明木粉刚性增大。与图 6-4（c）比较，图 6-4（f）中木粉与 HDPE 的间隙变得不明显，说明 GA 处理木粉与 HDPE 之间的界面结合得到改善。添加 DMDHEU（15wt%）处理木粉的 WPC 的脆断面和切断面与填充 GA 处理木粉的 WPC 相似 [图 6-4（g）~图 6-4（i）]，但是前者细胞壁破碎程度较低，这与我们前期研究木粉/聚丙烯复合材料的结果相一致（Xie et al., 2010），且 DMDHEU 处理木粉在 HDPE 中的分散程度也较低。由于 DMDHEU 处理木粉较高的 WPG，从图 6-4（h）可以看出，HDPE 在切面中的比例降低。

6.3.5 微量混合流变仪分析

木粉经 GA 处理后，WPC 熔体转矩和 ΔP 大幅降低 [图 6-5（a）和图 6-5（c）]，且 GA 浓度越高，幅度越大。所有配方中木粉含量保持 40wt%不变，HDPE 含量随着 GA 浓度增大而降低。一般来说，木粉比例越大，熔体黏度越高（Li and Wolcott, 2005；Marcovich et al., 2004），因此，如果保持其他因素都不变的情况下，降低 HDPE 含量，熔体转矩应该增大，但实际结果却恰恰相反。由这一结果可知，经改性后，木粉本身性质的变化，改变了 WPC 熔体的微观结构，从而影响了熔体黏度。

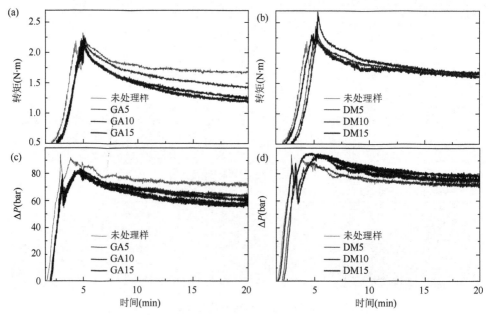

图 6-5 木塑熔体在 Minilab 测试中转矩 [（a）和（b）] 和压力降 [（c）和（d）] 随时间变化关系

GA 处理降低了木粉表面的羟基密度，并且引入了非极性的 C—H 支链，从而降低了木粉的表面能（Xiao et al.，2010；Xie et al.，2011）。表面能在粒子增强聚合物复合材料的加工过程中起到了重要的作用，因为它影响了粒子在聚合物基体中的分散状态以及粒子与基体间的界面结合（Huang and Zhang，2009）。外界施加的应力、粒子-聚合物之间的胶接力以及粒子-粒子之间的相互作用力三者之间的平衡决定了粒子在基体中的分散程度（Khoshkava and Kamal，2013）。粒子在基体中均匀地分散能够改善 WPC 的加工性能（La Mantia and Morreale，2011）。

在 WPC 物料的混炼过程中，木粉在木粉与 HDPE 的界面处经受剪切和（或）拉伸作用力，要将木粉团聚结构分散开，木粉-HDPE 之间的胶接力至少要与木粉-木粉之间的相互作用力相当。否则，外界施加的应力只能驱使木粉团聚结构在 HDPE 基体中重新分布，而不能达到分散的效果。木粉经 GA 处理后，木粉-木粉之间的相互作用力以及木粉-HDPE 间的界面张力降低，从而促进了木粉在 HDPE 中的分散，并且木粉更容易被 HDPE 包覆。因此 GA 处理木粉能够更加均匀地分布在 HDPE 基体中，如图 6-4（e）所示，这就使得 WPC 熔体更加容易流动，从而降低了熔体的转矩和 ΔP [图 6-5（a）和图 6-5（c）]。15wt%的 GA 处理熔体的比机械能（SME）和表观剪切黏度分别从未处理 WPC 的 1299J/g 和 594Pa·s 降低至 1054J/g 和 471Pa·s（表 6-4）。

表 6-4 木塑熔体的比机械能（SME）、剪切黏度、剪切发热（ΔT）和平衡转矩（T_e）

样品名称	SME[a]（J/g）	剪切黏度[a]（Pa·s）	ΔT[b]（℃）	平衡转矩[b]（N·m）
未处理样	1 299	594	19.9	11.86
GA5	1 175	527	16.5	10.83
GA10	1 082	502	15.9	10.41
GA15	1 054	471	14.0	10.21
DM5	1 256	593	16.1	11.60
DM10	1 278	622	17.4	11.71
DM15	1 266	650	16.0	11.51

a. 数值由 Minilab 测试得到。
b. 数值由转矩流变仪测试得到。

DMDHEU 处理 WPC 的情况完全不同，如图 6-5（b）和图 6-5（d）所示，熔体转矩与未处理 WPC 相比，基本未发生变化，而 ΔP 随 DMDHEU 浓度增大反而升高。DMDHEU 处理木材的吸湿性结果表明（Yasuda et al.，1995），DMDHEU 只与非常少量的细胞壁羟基发生反应，绝大部分 DMDHEU 发生自缩合而沉积在细胞壁中。并且由于 DMDHEU 与木粉反应所造成的细胞壁羟基数量减少，木粉的疏水性并未明显提高，这是由于反应产生了等量的羟基（Xie et al.，2010）。我们前期的研究结果也证明了这一点，DMDHEU 处理木材的水接触角略有增大（Xie，2005）。因此，DMDHEU 处理对木粉-木粉之间相互作用力的降低贡献很小。DMDHEU 处理木粉在 HDPE 中的分散性虽然比未处理木粉提高，但是与 GA 处理木粉相比分散性较差。此外，在相同试剂浓度下，DMDHEU 处理木粉的 WPG 远远高于 GA 处理木粉，增加 DMDHEU 浓度将降低 HDPE 在配方中的比例（表 6-3），当 DMDHEU 浓度为 15wt%时，HDPE 比例从 60wt%降至 47.4wt%，HDPE 比例的降低将提高熔体的转矩和 ΔP。因此，DMDHEU 处理木粉对熔体的转矩和 ΔP 有两方面的贡献，一方面是由于改善木粉在 HDPE 中的分散性所引起的熔体转矩和 ΔP 降低，另一方面是由于 HDPE 比例降低所引起的熔体转矩和 ΔP 升高。这两种效果折中的结果就是，随着 DMDHEU 浓度的增加，熔体转矩未发生明显变化，而 ΔP 不断增大［图 6-5（b）和图 6-5（d）］。

由图 6-2 可见，5wt%的 DMDHEU 处理木粉的 WPG（6.3%）在 10wt%（5.2%）与 15wt%（7.2%）的 GA 处理木粉的 WPG 之间。为了排除 WPG 不同的因素，我们比较了在相同 WPG 下，GA 和 DMDHEU 处理对 WPC 熔体转矩和 ΔP 的影响。从图 6-5 可以看到，5wt%的 DMDHEU 处理 WPC 熔体的转矩与 ΔP 基本上与未处理 WPC 熔体保持不变，而 10wt%的 GA 处理 WPC 熔体的转矩和 ΔP 较未处理 WPC 大幅降低。由此可以说明，GA 处理能够显著改善木粉在 HDPE 基体中的分散性，从而显著改善了 WPC 的加工性能；而 DMDHEU 处理对 WPC 加工性能的改善未产生积极的影响。

6.3.6　转矩流变仪分析

通过转矩流变仪测试得到的平衡转矩 T_e 的变化规律与通过 Minilab 测试得到的结果相一致，如图 6-6 和表 6-4 所示。木粉经 5wt%的 GA 处理后，此时与细胞壁反应的 GA 在 WPC 配方中仅占 1wt%，熔体的 T_e 显著降低，但是继续增加 GA 浓度，对 T_e 影响不明显。与 GA 处理相比，DMDHEU 处理未明显改变 WPC 熔体的 T_e。GA 处理和 DMDHEU 处理均降低了熔体的剪切发热ΔT，但是前者效果更为显著。这说明改善木粉在 HDPE 基体中的分散性，能够降低木粉之间的碰撞和摩擦频率，从而减小摩擦生热。

6.3.7　旋转流变仪分析

对于高填充聚合物复合材料，小振幅动态振荡测试被认为是一种最适合于评价复合体系的内部结构、粒子分散状态以及加工特性的测试手段（Du et al.，2004；Li and Wolcott，2006）。图 6-7（a）显示，未处理样品的储能模量（G'）在低频区域出现"第二平台"，这是由于极性木粉团聚结构在 HDPE 基体中的形成，从而限制了 HDPE 大分子运动单元的长时间运动（Luo et al.，2013）。

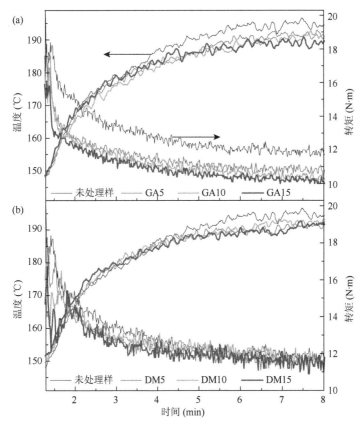

图 6-6 木塑熔体在转矩流变测试中转矩和温度随时间的变化关系
(a) GA 处理;(b) DMDHEU 处理

木粉经 GA 处理后,"第二平台"消失。一般来说,低频区 G'-ω 斜率越大且 G' 越低,意味着粒子在基体中的分散性越好(Pötschke et al., 2013)。因此,15wt% GA 处理的 WPC 熔体在低频区表现出最低的 G' 和最大的 G'-ω 斜率,说明 15wt% GA 处理木粉在 HDPE 中的分散最均匀[图 6-7 (a)]。未处理 WPC 熔体在低频区表现出最高的 G' 和最低的 G'-ω 斜率。与未处理 WPC 相比,在整个测试频率范围内,WPC 熔体中仅仅 1wt% 的 GA 就能够显著地降低熔体的 G',在低频区表现尤为突出,GA 含量继续增加,熔体的 G' 未发生明显变化。

在低频区,DMDHEU 处理对 WPC 熔体的 G' 和 G'-ω 斜率的影响规律与 GA 处理一致,如图 6-7 (b) 所示,但是,前者 G' 比后者大,且 G'-ω 斜率比后者小。说明 DMDHEU 处理木粉在 HDPE 中的分散性比 GA 处理木粉差。在较高频率下(>0.8rad/s),添加 DMDHEU 处理木粉提高了熔体的 G'。

在低频区域,WPC 熔体的 $G''>G'$,说明熔体表现为黏性特征。未处理 WPC 熔体的 G' 和 G'' 交叉点出现在 5rad/s 左右,如图 6-7 (a) 的箭头所指,木粉经 GA

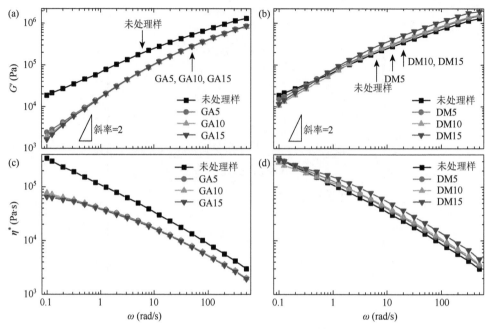

图 6-7 木塑熔体储能模量 G' [（a）和（b）] 和复数黏度 η^* [（c）和（d）]
与角频率 ω 的关系

箭头所指表示储能模量 G' 和损耗模量 G'' 的交叉点

和 DMDHEU 处理后，交叉点向高频方向移动。这说明木粉经改性后，HDPE 分子链能够在较高频率下发生完全松弛，尤其木粉经 GA 处理后。频率高于在此交叉点后，$G'>G''$，熔体表现出弹性特征（Li and Wolcott，2006）。

WPC 熔体的复数黏度 η^* 随着频率增大逐渐降低，表现出剪切变稀特性[图 6-7（c）和图 6-7（d）]。GA 处理大幅降低了熔体的 η^*，在低频区更为突出，且 GA 浓度对其影响不明显，说明熔体中及少量 GA（1wt%）就能显著改善 WPC 的加工性能。而 DMDHEU 处理在低频区（<0.5rad/s）未影响熔体的 η^*，但是在高频区（>0.5rad/s），反而提高了熔体的 η^*，DMDHEU 浓度越大，提高的幅度越大。η^* 的提高可能是由于 HDPE 比例降低，抵消了因木粉分散性改善所带来的 η^* 降低。

6.3.8 毛细管流变仪分析

图 6-8（a）和图 6-8（b）为 WPC 熔体在剪切速率范围为 20~2000s^{-1} 时，壁面剪切应力与表观剪切速率之间的关系，在此剪切速率范围内，对应熔体的挤出速率为 0.3~30.0m/min。可见，熔体挤出出现三个区域，分别为鲨鱼皮畸变区（Ⅰ）、黏-滑区（Ⅱ）和第二光滑区（Ⅲ），这三个区域所对应的物理意义已在第 4 章详细介绍，在本章将不再赘述。

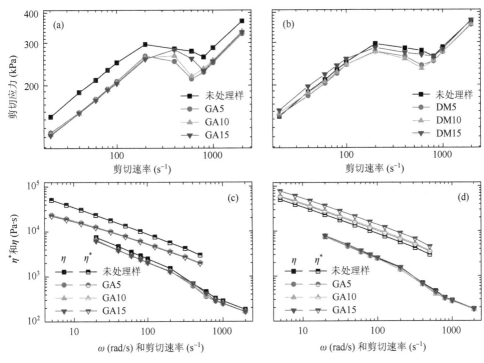

图 6-8 木塑熔体毛细管流变测试结果

（a）和（b）为真实剪切应力与表观剪切速率的关系；（c）和（d）为木塑熔体黏度的 Cox-Merz 曲线，其中半填充符号为复数黏度（η^*），实心符号为剪切黏度（η）。毛细管 $D=2mm$，$L/D=15$

木粉经 5wt% 的 GA 处理后，在整个剪切速率范围内，显著降低了熔体的剪切应力 [图 6-8（a）]，这是由于 GA 处理木粉在 HDPE 中的分散性以及木粉与 HDPE 之间的界面相容性得到改善。增加 GA 浓度未明显改变熔体的剪切应力。木粉经 5wt% DMDHEU 处理后，熔体的剪切应力略有降低 [图 6-7（b）]，增加 DMDHEU 浓度，剪切应力增大。

图 6-8（c）和图 6-8（d）为 WPC 熔体在小振幅振荡流场中的复数黏度 η^* 通过 Cox-Merz 关系简单平移后与在剪切流场中稳态黏度 η 之间的对比。结果表明，熔体在高速剪切过程中，结构破坏后体系的稳态黏度远远小于动态测得的复数黏度，Cox-Merz 关系对于 WPC 体系明显不适用（Hristov et al.，2006；Le Moigne et al.，2013），这主要是由于 η^* 是在平衡态下测得的，此时木粉随机地分布在两块平板之间，而 η 是在远离平衡态下测得的，由于在剪切和拉伸应力的共同作用下，此时木粉沿着毛细管轴向定向排列。与未处理 WPC 相比，GA 处理 WPC 熔体的 η 和 η^* 差异较小，说明 GA 处理木粉在 HDPE 中的分散性较好，DMDHEU 处理 WPC 熔体的 η 和 η^* 差异较大，说明 DMDHEU 处理木粉在 HDPE 中的分散性较差。

6.4 本章小结

（1）DMDHEU 处理降低了木粉的 CrI，GA 处理木粉的 CrI 未发生改变。

（2）SEM 观察表明，经 GA 和 DMDHEU 处理后，木粉与 HDPE 之间的界面结合得到改善。

（3）由于 GA 处理大幅降低了木粉的表面极性，使得木粉在 HDPE 中的分散性得到明显改善；DMDHEU 处理木粉的极性略有降低，分散性改善不明显。

（4）木粉经 GA 处理后，WPC 熔体的转矩、黏度、剪切应力、储能模量和损耗模量均显著降低；DMDHEU 处理提高了 WPC 熔体的转矩、黏度、剪切应力、储能模量和损耗模量。

（5）木粉的表面极性，即木粉-木粉颗粒之间的相互作用是影响 WPC 加工性能的主导因素，用极少量的 GA（1wt%）处理，能够大幅降低木粉的极性，从而显著改善了 WPC 的加工性能，而 DMDHEU 处理对 WPC 的加工性能未产生正面的影响。

参 考 文 献

Du F, Scogna R C, Zhou W, et al. 2004. Nanotube networks in polymer nanocomposites: rheology and electrical conductivity. Macromolecules, 37（24）: 9048-9055.

Hristov V, Takacs E, Vlachopoulos J. 2006. Surface tearing and wall slip phenomena in extrusion of highly filled HDPE/wood flour composites. Polymer Engineering and Science, 46（9）: 1204-1214.

Huang H X, Zhang J J. 2009. Effects of filler-filler and polymer-filler interactions on rheological and mechanical properties of HDPE-wood composites. Journal of Applied Polymer Science, 111（6）: 2806-2812.

Khoshkava V, Kamal M R. 2013. Effect of surface energy on dispersion and mechanical properties of polymer/nanocrystalline cellulose nanocomposites. Biomacromolecules, 14（9）: 3155-3163.

La Mantia F, Morreale M. 2011. Green composites: A brief review. Composites Part A: Applied Science and Manufacturing, 42（6）: 579-588.

Le Moigne N, van den Oever M, Budtova T. 2013. Dynamic and capillary shear rheology of natural fiber-reinforced composites. Polymer Engineering and Science, 53（12）: 2582-2593.

Li T, Wolcott M P. 2005. Rheology of wood plastics melt. Part 1. Capillary rheometry of HDPE filled with maple. Polymer Engineering and Science, 45（4）: 549-559.

Li T, Wolcott M P. 2006. Rheology of wood plastics melt, part 2: Effects of lubricating systems in HDPE/maple composites. Polymer Engineering Science, 46（4）: 464-473.

Luo X, Li J, Feng J, et al. 2013. Evaluation of distillers grains as fillers for low density polyethylene: Mechanical, rheological and thermal characterization. Composites Science and Technology, 89（0）: 175-179.

Marcovich N E, Reboredo M M, Kenny J, et al. 2004. Rheology of particle suspensions in viscoelastic media. Wood flour-polypropylene melt. Rheologica Acta, 43（3）: 293-303.

Pötschke P, Villmow T, Krause B. 2013. Melt mixed PCL/MWCNT composites prepared at different rotation speeds:

Characterization of rheological, thermal, and electrical properties, molecular weight, MWCNT macrodispersion, and MWCNT length distribution. Polymer, 54 (12): 3071-3078.

Segal L, Creely J, Martin A, et al. 1959. An empirical method for estimating the degree of crystallinity of native cellulose using the X-ray diffractometer. Textile Research Journal, 29 (10): 786-794.

Xiao Z, Xie Y, Militz H, et al. 2010. Effect of glutaraldehyde on water related properties of solid wood. Holzforschung, 64 (4): 483-488.

Xie Y. 2005. Surface properties of wood modified with cyclic N-methylol compounds. Göttingen: University of Göttingen.

Xie Y, Hill C S, Xiao Z, et al. 2011. Dynamic water vapour sorption properties of wood treated with glutaraldehyde. Wood Science and Technology, 45 (1): 49-61.

Xie Y, Krause A, Militz H, et al. 2007. Effect of treatments with 1, 3-dimethylol-4, 5-dihydroxy-ethyleneurea (DMDHEU) on the tensile properties of wood. Holzforschung, 61 (1): 43-50.

Xie Y, Xiao Z, Grüneberg T, et al. 2010. Effects of chemical modification of wood particles with glutaraldehyde and 1, 3-dimethylol-4, 5-dihydroxyethyleneurea on properties of the resulting polypropylene composites. Composites Science and Technology, 70 (13): 2003-2011.

Yasuda R, Minato K, Norimoto M. 1994. Chemical modification of wood by non-formaldehyde cross-linking reagents. Wood Science and Technology, 28 (3): 209-218.

Yasuda R, Minato K, Norimoto M. 1995. Moisture adsorption thermodynamics of chemically modified wood. Holzforschung, 49 (6): 548-554.

总结与展望

在基本不破坏木质纤维大分子结构的前提下，通过塑化剂增塑、高温和外力的协同作用能够显著提高木质纤维的热塑性，实现细胞壁的"动态塑化"。强极性、溶解性能优异的塑化剂（如离子液体等）能够破坏细胞壁组分中的结晶纤维素、无定形纤维素、半纤维素和木质素中的氢键体系，从而显著提高木质纤维的热塑性，在此基础上通过与大分子运动密切相关的环境因素的协同作用实现细胞壁的"动态塑化"，其可能的机理为：细胞壁在塑化剂、高温和外界应力的共同作用下发生消晶化，细胞壁氢键体系被置换，木质纤维的热塑性显著增强，而当冷却至常温定型后，细胞壁的热塑性大幅度降低，无定形纤维素发生重结晶，细胞壁大分子自身的分子运动也因温度的降低而趋缓，刚性增强。在此过程中，细胞壁未被破坏而重新获得其固有的力学性能，但是结晶、氢键体系、聚集态结构和分子运动状态等经历了变化。这种变化是一个动态的过程，不涉及共价键的破坏与形成，但是与分子运动、大分子链之间以及链段之间的相互作用密切相关，这样既保留了木质纤维的优异性能又实现了对其流变性能的动态调控。

以木质纤维的动态塑化为基础，通过调控其流变行为，可望逐步实现木质纤维材料的塑性加工。较系统的基础研究结果表明，通过塑化剂、高温和机械力的协同作用能够实现木质纤维的动态塑化，然而目前这种动态塑化所能赋予木质纤维材料的热塑性尚不足以达到向热塑性塑料一样的塑性成型性能。不过，借助于热塑性塑料这一加工媒介，笔者初步建立了以木质纤维的动态塑化为基础、以木塑复合为基本途径的木质纤维塑性加工理论：在基本保持木质纤维基本性能及表面极性不变的情况下，采用塑化剂处理木质纤维，再与热塑性塑料熔融共混，木质纤维在塑化剂与高温、机械力的协同作用下热塑性显著增强，木塑复合熔体的流变性能大大改善，使挤出成型等加工过程顺利实现；而当冷却至常温定型时，塑化剂对木质纤维的塑化作用大幅度降低，木质纤维自身的分子运动也因温度的降低而趋缓，从而使木质纤维重新获得其固有的物理力学性能，保留了木质纤维对热塑性塑料的增强作用。在目前的动态塑化条件下，木质纤维虽然不具有足够高的流动性能以实现独立进行塑性加工，但是此时木质纤维粒子获得了变形能力，能够在热塑性塑料存在的条件下以高效率进行塑性加工，获得高性能的复合材料产品。随着动态塑化理论的不断成熟和动态塑化技术的进步，相信木质纤维材料的塑性加工理论将随着时间的推移而不断向前发展。

基于木质纤维动态塑化和木塑复合的木质纤维塑性加工理论，为突破现有木塑复合材料中木质纤维材料含量的极限提供了新的可能性，从而开辟了超高木质纤维含量木塑复合材料研究新领域。提高木塑复合材料中木质纤维材料的含量，不仅能够显著降低生产成本而且能够改善复合材料的木质感，提高抗蠕变性能，以及更有利于胶接、涂饰等二次加工，因而是木塑复合材料产业界极力追求的目标。然而，对于传统木塑复合材料而言，当木质纤维用量过高热塑性聚合物用量过低时，不仅木质纤维粒子难以被彻底包覆，造成木塑复合材料易吸水、吸湿、霉变和虫蛀，而且由于大量刚性木质纤维粒子相互作用强烈，造成木塑熔体流变性能差，致使加工性能差，复合材料内部存在大量缺陷而导致力学性能低下。以动态塑化和木塑复合的木质纤维塑性加工理论为指导，在木塑复合材料熔融复合成型加工过程中，通过动态塑化赋予木质纤维材料变形能力，实现木质纤维紧密堆积消除缺陷，从而可大幅度提高木塑复合材料中木质纤维材料的用量。计算表明，假设木质纤维材料的形态为长径比 10∶1 的直棒，可变形木质纤维在木塑复合材料中的理论添加量可达到 95% 以上，彻底颠覆了传统木塑复合材料木粉含量在 75% 以下的共识，发展前景令人鼓舞。

木质纤维塑性加工理论在木塑复合材料领域的应用刚刚起步，涉及诸多未知和不确定因素，需要不断探索。例如，在基本保持木质纤维表面极性不变的情况下，通过去除细胞壁组分来调控木质纤维的热塑性，木质纤维的动态塑化可大幅提高木塑复合材料的加工性能，作为基础研究的重要内容是不可或缺的，然而作为大规模应用的工业技术其可行的前提是什么？采用强极性塑化剂离子液体来调控木质纤维的热塑性，在挤出/注塑成型过程中可实现木质纤维的动态塑化，但是由于塑化剂显著提高了木质纤维的表面极性，造成木质纤维在熔体中发生团聚，在低速加工过程中，木质纤维的动态塑化反而不利于木塑复合材料的加工成型；进一步采用化学试剂来调控木质纤维的表面极性，改善其在木塑熔体中的分散性，从而可大幅提高木塑复合材料的加工性能。由此可见，在现有加工成型技术条件下，木质纤维的动态塑化能够提高木塑复合材料的加工性能，关键在于实现木质纤维动态塑化的手段。然而，现有木塑复合材料成型加工方式，都是基于刚性粒子填充热塑性塑料的流变加工理论，对于多孔性、各向异性、可压缩性、甚至可变形的木质纤维增强的高木质纤维含量木塑复合熔体来说，这些加工理论并不适用。因此，建立适合于高木质纤维含量木塑复合材料的熔融复合流变学理论和成型加工方式方法，是未来研究的重大课题。